小出裕章

Hiroaki Koide

いのちか原発か

Tetsuen Nakajima

中嶌哲演

風媒社

小出 裕章

いのちか原発か

中嶌 哲演

中嶌　哲演

若狭・小浜　明通寺住職

なかじま・てつえん……………一九四二年、福井県生まれ。東京藝術大学中退。高野山大学仏教学科卒。学生時代、日本宗教者平和協議会にかかわり、広島の被爆者支援をつづける。「世界一の原発銀座」若狭・明通寺（真言宗・小浜市）の住職として、原発現地での反原発市民運動を展開。「原発設置反対小浜市民の会」事務局長を務める。九三年「原子力行政を問い直す宗教者の会」結成に参加。著書『原発銀座・若狭から』（光雲社）

小出　裕章

京都大学原子炉実験所助教

こいで・ひろあき……………一九四九年、東京生まれ。六八年、東北大学工学部原子核工学科入学。原子力の平和利用を志した在学中、東北電力女川原子力発電所の反対運動にかかわり、反原発の立場からの研究を決意。七四年、同大学院工学研究科修士課程修了。同年、京都大学原子炉実験所に入所し、原子力の危険性を一貫して訴え続ける。著書『隠される原子力・核の真実』（創史社）、『原発のウソ』（扶桑社新書）、『日本を滅ぼす原発大災害』（監修・風媒社）等、多数。

いのちか原発か……………………目次

I

原発事故があばいたこの国の正体

「中間貯蔵施設」をめぐって

中嶌　これは最新号の「はとぽっぽ通信」(「原発設置反対小浜市民の会」発行の通信誌)です。明日か明後日にはお手元に届くと思います。もう、まったく泥縄でつくってまして、編集も何もあったものではないのですが。

小出　すごい。もうすぐ二〇〇号になるんですね。長い間ほんとうによくやられてますね。

中嶌　最初の頃はガリ版を切ってましたから。

――(編集部)今、何部ぐらい発行されているんですか。

中嶌　沖縄から北海道まで県内外合わせて、ついに一〇〇〇部を超えました。三月にはすでに九〇〇部を超えていたんですが、原発事故があって一〇〇〇を超えてしまったんです。もっとも購読してもらっているわけでもなくて、地元のいろいろな団体の窓口だとか、議員やら保育園、小中学校に送っているんです。むしろ都市部の人からのカンパに支えられて、不思議と経費的にはなんとかトントンでやれているんです。その分、地元の人たちには無差別に送っている。

——今年になってカンパが増えたとか、そういう変化はあるのですか。

中嶌　そうですね、やっぱりあります。去年、初めて一万円ほど赤字になったんですけど、それは今年すぐに解消されました。皆さんのリアクションがありましたので。

——哲演さんのお寺である明通寺《みょうつうじ》は若狭きっての名刹として知られています。しかも、そこのご住職が長年反原発を表明していることでも有名なお寺ですね。

中嶌　今まで積極的に反対の声をあ

「はとぽっぽ通信」

げてこなかったようなグループや団体・個人の人たちから呼ばれて、時々話をしに出て行くこともありますけれど、だいたいは皆さん明通寺に訪ねて来てくださるんです。国宝の三重塔や本堂、仏像を拝観に来てもらうことを兼ねてなんですけれど。原発現地を見てきた後、小浜は反対運動をしてきた歴史があるし、住職も反対運動してるらしいということで訪ねて来てくださる。すごくありがたく思っています。

ただ、わたし自身は、確かに人よりは早く原発の危険性に目覚めて運動してきたということはあっても、じゃあそれ以前の自分はどうだったかということを考えざるをえません。早い遅いの違いはあるけれども、今からでも意識を向けることが大事です。そういう意味で、福島以後であれ、今本当に気がついて、なんとかしなければいけないという気持で訪ねてきてくれる人に対しては、せいぜい自分のできる限りの発言をしたり、働きかけをしたりしなくてはいけないなと思っています。

――小出さんは、事故のあとに本をたくさん出されていますね。

小出　最近わたしの本がたくさん出ていますけれども、わたし自身は何一つ書いていないんです。前書きとか後書きを書かせてもらったものはありますが、ほとんどはわたしが昔書いたもの、あるいは最近発言したこと、あるいは出版社の方がここへ来てくれて録音したものを、それぞれの好みで本にしてくれたというものであって、わたしの書いた本では実はありません。ただ出版社にもやはり個性や好みがあるので、わたしはいつも同じことしか言わないのに、それぞれ少しずつ形を変えて違う本になっていきました。

今日は哲演さんと対談をさせていただくということですから、哲演さんの強烈な個性で、わたしの話からなにがしか新しいものを引き出してくださるということであればうれしいです。

中嶌　小出さんとお会いするのは小浜での講演以来ですかね。

小出　ええ。使用済み核燃料の中間貯蔵施設を小浜に誘致するというので、その反対集会のときに呼んでいただいたのですね。

中嶌　二回来ていただきました。

小出　そうでしたね。わたしは哲演さんのことはもう大昔から、一九七〇年ごろから活動してくださっているのを知っていました。ただ初めてお会いしたのがいつだったかは覚えていないです。その講演のときは哲演さんにお世話になって、哲演さんのお寺も見せていただいて、近くのお店にも連れて行っていただきました。

中嶌　泊まっていただければよかったんだけど、当時から小出さんは多忙な方で（笑）。小浜に来ていただいたのは二〇〇四年でした。わたしは二〇〇〇年前後から、使用済み核燃料の中間貯蔵施設誘致問題の反対に動いていたんです。それで「小浜市民の会」のメンバーを中心に小出さんのお話を聞く会を企画しました。まったく無謀なことに、仲介者なしで、参加した一人ひとりが主催者で、会費はたった一〇〇円でね。あとからカンパは仰ぎましたけれども。でも集まった人が

中間貯蔵施設問題講演会のチラシ

小出さんの話にすごく感動されていた。参加していた中には、商工会議所関係の人や、小浜の自民党支部の幹部の人も交じってたんですが。

小出　ああ、そうなんですか。

中嶌　そうした人たちが、今度は自分たちが主催してもう一度講演会を開きたいと言い出して、アンコール講演会になったんですよね。「若狭・小浜の自然と文化を守る会」とか、幅広い人たちに小出さんを紹介してくれと頼まれまして、アンコール講演会のときは三〇〇人くらいの人が来ていたと思います。

小出　そう。けっこうたくさんの方が来られてました。

中嶌　この二回の講演会で、もやもやしていた市民の頭が、すっきりしたんです。どうも胡散《うさん》臭いものだということはなんとなくわかっていても、きちんと確信をもって反対運動をやろうというところまではいかないところがあって、そういう時に来ていただけた。そして、この二回の講演会が決定的に市民の気持を変えたんです。みんな、「よしわかった、署名を集めよう」ということで、反対署名が一万三八〇〇人分集まった。推進側も商工会議所、土木業者の協会などが中心になって署名を集めたのですが、そっちは三四〇〇人分集まった。〝やらせ〟みたいなもので、会社の上司が従業員に命じて集めたんだと思いますが（笑）。そういう結果になったにもかかわらず、小浜市議会の保守会派は、まだ誘致の決議をしてたんですね。社会、共産、公明の各党の議員に無所属の人たちを合わせて五、六名が反対しただけだった。でも、当時の市長がその反対署名の数に驚いて、最終的には市長選挙で決着がつきました。傑作だったのは、二〇〇四年に立候補して当選した市長が最後の最後に有権者に出したハガキに、赤字で活字のポイントを大きくして、「中間貯蔵施設は誘致しません」と書いてあった。七〇歳を超えた高齢の候補でしたから、世代交代論なんかもあって当選を危ぶまれていた面もあったのに、それで再選したんです。得票差は三千数百票で、署名運動ほどの差はなかったんですが、見事その公約が効いたんだと思います。もともとは保守系の市長でしたけれども、わたしもその人に一票投じたんですよ。

小出　「中間貯蔵施設」なんて受け入れたら、最終処分場にされかねない。金と引き換えに受け入れるようなものではありません、と。みなさん一人ひとりが自分の町をつくっていくのが一番です、というような話をわたしはしたと思います。

中嶌　都市の人間がもっとこの中間貯蔵施設に関心をもたなければいけない、とおっしゃっていた。むしろ都市が使用済み核燃料を預かるのがあたりまえであって、原発が立地する現地になにもかも押し付けるのはおかしい、と。

小出　原子力発電所が、とにかくたいへんな危険を伴う施設であるということは、はじめから推進派も知っています。だから「原子炉立地審査指針」などでは都会に原子力発電所が建てられないように、がんじがらめに決まっているのです。だから、仮に原子力発電所を都会に建てられないというのは「仕方がない」としても、「中間貯蔵施設」は冷却水がいるわけでもないし、単なる建物があればいいんだから、これこそ都会につくるべきだと、そういう話もしました。

中嶌　そのあたりが、すごく市民の共感を得たと思います。中間貯蔵施設の問題を明快に語ってもらったものですからね。

――ちょっと気になるのでお聞きしますが、福島でも、がれきや除染した表土などの汚染物質の「中間貯蔵施設」という言葉が新たに出てきました。

小出　あれはものすごく誤解が多いんです。ちょっと説明しますと、中間貯蔵施設と昔から呼んでいたのは、使用済み燃料を再処理工場に持っていくまでの間に、中間的に貯蔵する施設だったんです。小浜の話はそういう話です。それが今回は、福島原発事故のがれきであるとか、汚染物質であるとか、そういうものをどこかに置いておく場所を「中間貯蔵施設」という言い方をしている。すごく混同を招くし、わたしはいまの言い方は良くないと思います。そちらもやっぱり頭の痛い問題ですが（ため息）。

――そこがまた、最終処分場の候補地にされたりはしませんか。

小出　もともとの中間貯蔵施設、使用済み燃料の中間貯蔵施設は、さっきも言いましたように、都会につくればいいと思います。関西電力の地下倉庫や東京電力の本社地下室を中間貯蔵施設にすればいいと、わたしは当時も言いましたし、今もそう思っています。でも、福島で汚染を広げているがれきや土は膨大な量ですから、あれを本当にどうしたらいいのか、よくわからない。でも、もともとは東京電力の福島第一原子力発電所の原子炉の中にあるべきものです。東京電力の所有物が、いま外部に出てきて汚染を広げているわけです。もともと東京電力のものなら東京電力に返せばいいと思います。福島第一原子力発電所の敷地内、いまは混乱を極めているからそれが難しいというなら、福島第二原子力発電所。あるいは柏崎刈羽原発でもいいから、東京電力に返すのがいいと思います。

しかし、どうもこの国はへんな国で、なんとか東京電力を救済しようと動いているわけです。わたしは東京電力は必ず倒産させたいと思いますけど。

中嶌　何度倒産しても償いきれないですね、今度は。

小出　日本の国が潰れたって償いきれないですよ。

推進側はすべてを知っていた

中嶌　今止まっている原発の再稼動を認めたり、運転存続をさせていくと、原発銀座と言われる若狭が〝第二のフクシマ〟になりかねない。福島第一原発が起こしたような破局的な大事故の後処理は大変なもので、被害があらゆる分野に拡がり、経済的コストだけでも大変に高くついてしまいます。そういう意味でも、絶対に第二、第三の福島を起こさせてはいけないし、それを未然に止めていくことが必要です。この国が脱原発の方向へ向かうことが、人々の安全にもつながるのはもちろん、経済的なコストの面でもずいぶん救われていくと思います。

小出　まともな経済人であればそう思うはずです。原子力は途方もないもので、これ以上とてもこんな選択はできないと考えるはずでしょう。通常の金勘定をすればすぐにわかることなのに、そういう頭が今の日本の経済界にはないんですね。本当にアホな話です。

中嶌　わたしも以前から、関西電力と話し合うときにはこう言ってきました。わたしはただ反原発で抗議してるだけではないんです。関西電力さんの健全経営のことを願って言っているんですよ――と。こちらが言っていることを実践してもらった方が、あなた方の健全経営にむしろ非常に資するんじゃないですか、と事故の前からさんざん言ってきたんです。でも、きょとんとして、ろくな答えはなかったですね。どうなんでしょう、原発の危険性は推進側の当事者自身もよくわかっていたのですか。

小出　もともと原子力発電所が万一の事故を起こした場合に、途方もない被害が出るということは、みんな知っていました。わたしも、原子力を推進する人たちも知っていた。そのために彼らはいろいろなことをやりました。まずは「原子力損害賠償法」（原賠法）という、この資本主義社会の中では特別に異例の法律をつくって、原子力発電に限っては損害賠償に国家が乗り出すと条文に書いたわけです。原子力発電所で事故が起きたら、一企業である電力会社ではとても負担しきれないような被害が出るということを彼らは知っていた。だからそんな法外な法律をつくったわけです。それが、今、福島第一原子力発電所の事故の損害賠償をいったい誰が負担するかということで、東電と政府が綱引きをしなければならなくなった根源です。

もし資本主義社会の原則を初めから貫くのであれば、原賠法はいらなかったし、今回の事故は東京電力がどこまでも賠償するという、ただそれだけのことだったはずです。でも、そうはいかない。そんなおかしな法律をつくってしまったツケが今あらわれているわけです。結局、その法律の存在こそ、原子力を進めてきた人たち自身が、初めから事故が起きてしまえばどうにもならないということを知っていたことの証《あかし》だということになります。

中嶌　おまけに免責条項の中身が……。

小出　そうです。異常に巨大な天災による場合は、初めから免責という条文はあるし、本当に至れり尽くせりのお膳立てをつくって、国が電力会社を原子力に引きずり込んだ。それがなければ、電力会社は原子力なんかに決して手を付けることはできなかった。つまり、みんな了解のもとだったですね。

中嶌　わたしはこういう言い方をしてるんで

「原子力損害賠償法」の条文

（無過失責任、責任の集中等）
第３条　原子炉の運転等の際、当該原子炉の運転等により原子力損害を与えたときは、当該原子炉の運転等に係る原子力事業者がその損害を賠償する責めに任ずる。ただし、その損害が異常に巨大な天災地変又は社会的動乱によつて生じたものであるときは、この限りでない。
（国の措置）
第16条　政府は、原子力損害が生じた場合において、原子力事業者が第３条の規定により損害を賠償する責めに任ずべき額が賠償措置額をこえ、かつ、この法律の目的を達成するため必要があると認めるときは、原子力事業者に対し、原子力事業者が損害を賠償するために必要な援助を行なうものとする。

す。福島、若狭に原発がつくられてから四〇年たって、今、福島でこういう大事故が起き、安全神話が完全崩壊したようなかたちになっているけれども、そもそもあの福島という地域に一基めの原発、若狭という土地に一基めの原発が立地したその時点で、安全神話が原理的にはもう否定されていた、覆されていたんじゃないかと。

小出　その通りです。法律をつくって電力会社を守ろうとしたけれども、それでも電力会社は怖かったんですね。都会に原子力発電所を建てて被害が出たらやはり大変なので、原子力発電所だけは過疎地につくるしかないということを決めた。そのために山ほどの法律の準備までしました。たとえば「原子力発電所の立地をするときには、安全審査をします」と言います。安全審査で事故が起きたときの災害評価をします、と。どれだけの被害が出るかということを計算し、「原子炉立地審査指針」と照らして、立地してもいいかどうか決めると。ところが原子炉立地審査指針には、「原子力発電所は過疎地に建てる」と初めから書いてある。人口密集地帯を避けてつくると書いてある。人口密集地から距離をおけと書いてあるわけです。だから彼らは、もともと安全ではないということを承知の上で若狭に建てた。敦賀原発、美浜原発を一九七〇年に建て、七一年に福島に建てた。初めから安全と思ってないということの証拠です。

中嶌　それを承知のうえで、現地に危険なものを受け入れさせるためにお金の攻勢を強めてきたということですね。原発現地では、お金がまるで麻薬のような役目を果たしました。悲しくて情けないんですけど、福島もたぶん三・一一直前までの状態というのはそうだったと思います。

「原子炉立地審査指針」の立地条件に関する記述

立地条件の適否を判断する際には、（中略）少なくとも次の３条件が満たされていることを確認しなければならない。

1 原子炉の周囲は、原子炉からある距離の範囲内は非居住区域であること。
2 原子炉からある距離の範囲内であって、非居住区域の外側の地帯は、低人口地帯であること。
3 原子炉敷地は、人口密集地帯からある距離だけ離れていること。

腐臭を放ちはじめていた原発というシステム……………

中嶌　お金の問題に関して言えば、若狭は麻薬患者の末期症状的な状態を呈していると思います。明日を考えられない、とにかく今、もっと太い注射を打ってください。とにかく、今いい夢が見られればいい——。そういうお金の求め方になってしまっているんです。わたしはそういう問題を含めて、原発のことを考えなければならないと思います。

推進側は当初からこうなることはわかっていたというお話ですが、一方それを受け入れさせられてきた現地のお金漬けの状況を考えると、わたしは福島のあの四基の原発の残骸というのが、

中嶌哲演……………………………

単に物理的な残骸には見えないんです。科学者や技術者の方には、現在あの内部でどういうことが起こっているのかを見る視点というのがあると思います。しかし、福島も若狭も原発銀座の住民の立場から見ると、あの残骸の姿には、原発を推進してきたシステム自体の老朽劣化――いや老朽劣化どころか腐臭まで立ち込めていた――そういう一切合財が自爆し、崩壊したと言いますか、そんなふうな姿にわたしらの目からは見えたんです。

事故が起きた直後、アメリカ政府が八〇キロ圏内のアメリカ人を全部避難させました。一、二号機はゼネラルエレクトリック（GE）社製の、しかもつくられてから四〇年前後の老朽原発ですね。アメリカ政府は、それが自国の二大原発メーカーの一つGEがつくった、老朽劣化したとんでもないものだとよく承知していて、それであああいう指示を出した面があるのかどうか。

小出　もちろん、原子炉の老朽化が事故を悪化させたひとつの要因だとは思います。でも、原子力発電そのものがシステムとして危険なのであって、老朽化していようと新しかろうと関係ないと実は思っています。たとえばスリーマイル島事故が七九年に起きましたが、あれは三カ月しか動いていない最新鋭の原発でした。チェルノブイリ原子力発電所だって、一九八六年四月二六日に事故を起こしましたけれど、動き始めたのは八四年の初めですから、わずか二年しか稼動していないソ連きっての最新鋭の原発でした。ですから原発が事故を起こすという意味では、古いも新しいもないと思います。たとえば今回のように全所停電（ブラックアウト）というような事態が起きてしまえば、古いも新しいも関係なく、どっちにしても壊れてしまうというのが原子力発電所の宿命です。それはGEにしてもウエスティングハウスにしても、世界中の原子炉メーカーがみんな知っていたことです。風媒社で出してくれた瀬尾健さんの『原発事故……その時、あなたは！』という本に書いてあるように、原子力発電所で破局的な事故が起きたら、急性死者すら出るだろうとわたしは思っています。米国の原子炉メーカーも、たぶんその危険を感じたと思います。ですからアメリカ政府は、「とにかく逃げろ」と指示した。

結果的に放射線被曝で急性死をしたという人は、今のところいないとされている。本当にいなかったかどうかわかりませんが、でもバタバタと死ぬような事故にはならなかった。それは本当に幸いだったと思いますが、そうなる可能性を十分に秘めながら事故が進展していたので、米国政府が八〇キロ、五〇マイル逃げろと言ったのは、わたしは正しい指示だったと思います。

今起きていることは戦争よりひどい

——わたしたちがここに来たとき、最初に小出さん、「今、戦争ですから」とおっしゃっていましたね。

小出　今起きていることは、戦争よりひどいですよ。日本は法治国家だと自慢げに言ってきた。たとえばわたしが法律を破れば監獄に入れられる、そういう国だと言ってきたわけです。わたしは原子炉実験所で働いていて、放射能を扱っている。その放射能をわたしが持ち出してどこかに配ったり、哲演さんを被曝させるようなことをしたら、わたしは日本の法律にのっとって処罰されるわけです。でも今、福島の原発が事故を起こして、放射性物質をさんざんばら撒《ま》いてしまった。そうしたら日本は一切の法律を反古《ほご》にしたんです。一般の人々には一年間に一ミリシーベルト以上の被曝はさせない、させてはならないと法律で決めていたのに、二〇ミリシーベルトまでは被曝してもいいなんて言い出す。もう何度も言っていますが、年間二〇ミリシーベルトの被曝が許容されるのは、わたしのような原子力の仕事に携わる人間だけです。それは、「仕事で給料をもらっているのだから、我慢しなさい」ということなのです。

ところが国は今、一般の人にも「被曝しても我慢しろ」と言っているのです。また、たとえば、わたしが放射線の管理区域の中で働いて、管理区域から出ようとしたら、わたしの手の汚染を調べ、実験着の汚染を調べる。そして一平方メートルあたり四万ベクレル

小出裕章……………………………

を超えるような汚染が、もしわたしの手にあれば、わたしは管理区域から出られない。出たら法律違反で処罰される。ですから、もう一度管理区域の中で手を洗い、実験着は捨てて、ようやくにして外に出られる。それが、いまはもう福島県全域、あるいは宮城県、茨城県、栃木県、群馬県、千葉県、埼玉県、東京の一部なんてところが一平方メートルあたり四万ベクレルを超えて汚染されている。そんな、ありえないことが起きている。それで日本の国家は、今までの決まりをすべて反古にしてしまって、知らん顔している。

中嶌　東大の児玉龍彦さん（東大アイソトープ総合センター長）は、毎週のようにボランティアで福島の除染活動をされていますが、その児玉さんが国会の証言で、「除染作業で出てきたものを福島の人たちに押し付けて帰るわけにはいかない。自分はそれを持ち帰っているので、現行の法律違反をやってるんだ」と言われていましたね。

小出　日本の国家は数百倍の規模でそれをやっているわけです。もう法治国家でもなんでもありません。でも法律を破らなければ国が倒産してしまう。福島県全域という広大な範囲を放射線管理区域にする、つまり無人にしなければいけなくなる。そこには何十年も人が帰れない。戦争だってそんなことは起きないです。それが今、目の前で起きている。わたしにとっては本当に大変なことなんですけれども、何か日本の国家はもう緊急時避難準備区域を解除して、そこにまた人を戻してしまうという。これは犯罪です。法律を勝手に自分で破って犯罪行為を行う。それをだれも問題にしない。マスコミも報じない。人々は何も知らないまま、なにか事故が鎮静化しているかのように思わせられてしまう。途方もないことです。

中嶌　次に六ヶ所村（青森県）か若狭で福島第一原発のような事故が起こったら、もう、すぐに日

六ヶ所村再処理工場

青森県上北郡六ケ所村にある日本原燃所有の施設。原発の使用済み燃料からウランとプルトニウムを取り出すための再処理工場。2012年8月現在、全国の原発から集められた使用済み燃料約2860トンが貯蔵されている。立地内にはウラン濃縮工場等複数の核施設がひしめく。

本という国は消し飛んでしまいます。

小出　そこまでいかなければ気がつかないのでしょうか。政治家とか経済界、いったいこの人たちは何を考えているのか訳がわからない。まともな経済人なら原子力に反対しろよと思いますね。少しは考える頭があるならね。だけどなんにもない。ひたすら目先の金だけに群がってしまっている。本当に情けない人たちだと思います。

中嶌　大がそうだから小の原発現地もそう。金、金、金です。小浜市は二〇一一年六月に、脱原発の意見書を可決したんですが、逆にバッシングにあってますよ。先走ったことをやってくれたという声がいまだにある。もう何もかもが逆さまです。

小出　麻薬患者のようになってしまうんでしょうね。彼らをそうさせてしまったのは、都市の人間の責任でもあるわけです。

中嶌　そういう側面にこそ本当は気づいてほしいんです。でも、だからといって現地が被害者面をして、自己反省を抜きに被害だけの話はできないと思っています。現地は現地で、やっぱりなすべきことがある。

言葉では表現できないほどの無念……………

——ちょうど事故の翌日に小出さんに電話をしまして、覚えていらっしゃるかどうかわかりませんが、ものすごく沈痛な声だったことを記憶しています。

小出　そうです。三月はここ（京大原子炉実験所）の「当番」という仕事に当たっていて、まったく動くことができず、実験所にほとんどずっといました。

わたしは、もう四十年以上前から、原子力発電は危険だし、いつか事故を起こすだろうとずっと言い続けてきました。その被害はとんでもなく悲惨なものになるから、なんとか事故を起こす前に原子力を止めなければいけないと発言を続けてきました。なんとかそうしたいと思って生きてきました。ところがわたしの力は本当に無力で、国と電力会社、巨大原子力産業、そのまわりの土建業者、そして麻薬患者の自治体等々、みんなが原子力を進めてきて、わたしがいくら言っても、いくら声をあげても、どうにもならないままここまできて、結局防ぐことができないで福島の事故が起きてしまった。そして今進行している本当に悲惨な事態を目の前にすると、本当に無力だったなあ……と感じる。なんて表現していいかわからないほどの無念さだし、やってきたことが結局何にもならなかったんですよね。ですからこの四十年間のわたしの人生は、いったい何だったのかと思ってしまいます。

中嶌　わたしも同じような心境です。四〇年あまり原発の危険性をバカの一つ覚えみたいに言い続けてきた。四〇年前に、ある科学者の講演で、一基の原発が一年間動けば広島に落とされた原爆一〇〇〇発分の死の灰と、長崎への原爆三〇発分ぐらいのプルトニウムが否が応でも生成されてしまうと聞いたのが頭に焼き付いてしまったんです。他にもいろいろなことを話されていたと思うんですが、このひと言に打ちのめされたんですね。わたしの場合、四十何年前は原発のことは全然知りませんでした。無知無関心でした。ただ原爆被爆者の方との出会いがあって、その人たちの援護活動をし、交流をしていたものですから、被曝するということがどんなに大変なことか、その人たちの苦しみ、悩みというのがどんなに深いかということを思い知らされていました。ですから、そのひと言で十分でした。たった一発の原爆でこれだけ多くの人々が苦しみ、子どもや孫の代まで心配しなければいけない。そして被爆者なるがゆえに差別的な偏見を受け、そういうものを恐れて隠れるようにして生きていかなければならなかった。とくに地方の被爆者の方々はそうでした。社会的な差別、偏見を恐れて、本当に身を小さくして過ごしてきた人たちの話を、わたしはさんざん聞かされてましたからね。

――若狭にはそういう方々が、多くおられたんですね。

中嶌　二次被爆した人が多かったんですよ。死体の処理だとか後片づけのために、原爆投下後二週間以内に爆心地から二キロ以内に入った人は、被爆手帳をもらうことになっていました。小浜の場合は、軍隊で徴用されて二次被爆した人が多かったんですね。その人たちは、まさか自分が残留放射能で被曝しているなんて思ってもいなかったんです。で、水を飲んだり、塵を吸い込んだり、汚染物質に触れたりしたわけです。後になって体調がおかしくなってくると、初めて、ああ自分はやっぱり被曝してたんだと、いやでも自覚させられた。直接被爆された方の悲惨さは言うまでもないのですが、残留放射能によって二次被爆した人たちの悩みというのが、聞いていて非常に苦しいものでした。そうした話をずいぶん聞き知っていたものですから、原子力の平和利用か何か知らないけれど、そんな死の灰をつくりだすようなものを小浜市民の目の前に建てる、そんなものが近くに来るなんてことは許されることではなかった。だからわたしの場合は、即反対の決意をしました。それ以来、同じようなことをくり返し、くり返し言い続けてきました。原発銀座なるがゆえに、派生していろいろな問題が出てきましたからね。結構言うだけのことは言い尽くしていたものですから、あの事故が起こってから、逆に言葉を失ってしまいました。

ただ、これは、もっと世論を広げておけばよかったとか、もっと自分の運動が強くなっていればよかったという願望としてなんです。現実に三・一一直前まで、そういうことが可能だったかというと、全然そうではなかった。わたしたちは圧倒的にマイナーな力に過ぎませんでしたからね。だから、もう本当にやるせないというか、無念残念としか言いようがなかったんです。
小出　そうですね。
中嶌　こういうことは、絶対起こってほしくはなかったですからね。だからこそ声をあげたり、それなりの動き方をしてきていても、まったく非力だったわけなんですよね。

原子力の息の根を止めたい

――事故が起きてからの思いとして、これから社会との関わり方とか、発言の影響力などに意識的になったということはあるのですか。
小出　基本的な態度は別に何も変化はありません。原子力というものは生き物と共存できるとわたしは思わなかったから反対をしてきましたし、今でもそう思っています。原子力の息の根を止めたいと強く思うし、そのためにわたしができることをこれからもやっていこうと思います。ただそれだけのことです。従来、マスコミはわたしの言うことをすべて無視しました。そのマスコミが今、わたしの意見を、どこまで本気か知らないけれども、聞きに来てくれるようになっている。マスコミだけでなくて小さなメディアだって、あるいは普通の市民の方だって、わたしの意見を聞きに来てくれます。だから、もちろんありがたいと思いますが、そんなことにならないのが一番良かったわけです。わたしなんか、ずっとマイナーでいいから、事故が起きないというのが、本当は一番良かったと思います。

――これからは対応を変えなければとか、そういうことはないのですね。

小出　これまでの生き方を変える必要はないと思います。哲演さんがさっきおっしゃいましたが、原発が動けば、一年ごとに広島型原爆一〇〇〇発の死の灰が生まれてしまう。それは避けることができないとわかっている。そんなものをやるということ自体が。もともと間違えている。それだけで原発をやめる理由は十分だと思います。

中嶌　この四十年間で、五十数基の原発で、トータル一二〇万発分。若狭だけで四〇万発分になります。

小出　広島型の原爆がね。たぶんそのぐらいあるでしょうね。

中嶌　すでにそれだけの死の灰が溜まっている。まだまだ処理、処分の仕方すらわかっていないものを、すでにつくりだしてしまって、後の世代に委ねざるをえないようなことになってしまっているわけです。

小出　こんな愚かなことを、よくもまあやった。金のためだか何だか知りませんが……。

「もんじゅ」を「プルートー」と改名せよ……………………

――それで、核燃料サイクルのために、高速増殖炉の「もんじゅ」をつくったわけですか。

小出　「もんじゅ」は、なんと言っても核兵器をつくるための原子炉です。発電所として使い物にならないことは、これまでの歴史を見れば痛いほどわかる。わたしには当然わかるし、原子力を進めてきた人たちだって、高速増殖炉なんてエネルギー源にならないって、きっとみんな気がついています。それでも、福島であれだけの事故を起こしておいて、十何年も止まっていた「もんじゅ」をなおかつ動かすという。普通の常識で言ったら考えられないことをやる。その裏に何があるかと言えば、「核兵器をつくりたい」ということ。そこにはもう経済原則なんてない。それを無視できると言えば、ようするに軍事的な要請しかありませんから。それだとわたしは思います。

――これまで投入した予算から計算すると、一日あたり五千万円くらいかかっているんですね。

小出　もう一兆円以上投入していますから

「もんじゅ」
使用済み燃料から新たにプルトニウムを生成するための「高速増殖炉」。発電用燃料の増殖が目的としているが、核兵器の材料であるプルトニウムの国内備蓄につながるため危険視される。1995年、ナトリウム漏れ火災事故を起こし運転停止。再稼働直後の2010年8月、炉内に装置が落下し、再び運転停止。

ね。それなのに「もんじゅ」は一キロワット・アワーの電気も生んでいない。（笑）

中嶌　旧動燃事業団（「動力炉・核燃料開発事業団」）――なんか名前がころころ変わるから覚えきれませんが――その今の機構の人たちと討論したときに、あなた方は自分の組織を三回も改名したんだから、「もんじゅ」そのものも改名してくれと、具体的な提案までしたんです。＊一九九八年「核燃料サイクル開発機構」に改組、二〇〇五年日本原子力研究所と統合され「日本原子力研究開発機構」に再編。

「文殊菩薩の名前の悪用は困る。わたしからあえて名称を提案するとすれば、プルートー＊はいかがですか」ってね。（笑）＊ギリシャ・ローマ神話における冥界（死者の世界）の支配神。

小出　欧米の人が怒るかもしれない。（笑）

中嶌　でもまあ、プルートーにその名を由来するプルトニウムで長崎の原爆がつくられて、長崎の市民を地獄の苦しみ、塗炭の苦しみに陥れ、そして冥土に送っちゃったわけですから。もしあくまで「もんじゅ」を再開するとおっしゃるなら、自分たちが本来いかに危険な物質を扱っているかということを、自らが毎日意識している必要がある。それなら国民も、そんなとてつもなく危険なものをコントロールしようとしている施設なのかと知ることができるでしょう。一般市民が承知の上で開発してもらわないと困りますから、そういう意味でぜひこの名前を採用しませんかって言ったんです。これにもたいした回答はないんですが。

ところで、小出さんご存じですか、その名称の由来。

小出　いえ知りません。

中嶌　かなり確からしいんですが、永平寺の本山のトップと無関係ではなかったようです。

小出　えっ、そうなんですか。

中嶌　結局、いかに原子力の必要性と安全神話が国民の中に浸透していたかという証ですね。仏教界まで、一宗の本山の指導者にいたるまでがそうだった。

小出　しかし、文殊菩薩の名前を使えというのは、よほどの決意というか、これは素晴らしいものだと思わなければできませんね。菩薩の名前を使っていいなんてことを仏教者が言えるとは思えない。

中嶌　人類の福祉と幸福に寄与する電気をつくりだす高速増殖炉なんだと、旧動燃事業団はそういう文言を使ってましたから。今も「ふげん」*や「もんじゅ」のPR館に行くと両菩薩の画を掲げていますよ。文殊菩薩が獅子にまたがり、普賢菩薩は象に乗っているんですが、この巨獣を文殊の知恵と普賢の慈悲でもって制御をしている。そしてそのように科学技術の力によって、この巨獣に相当する原子力エネルギーをコントロールするのだと言う。原子力は強大な力を持っているけれども、それを暴走させないようにコントロールする、完全に制御するなんて言葉を使っています。完全に制御するために文殊菩薩、普賢菩薩にあやかっているんです。＊プルトニウム燃料を本格的に使用する原子炉（新型転換炉）を開発するためにつくられた原型炉。二

永平寺と「もんじゅ」「ふげん」の命名

2011年11月2日、曹洞宗大本山永平寺でシンポジウム「いのちを慈しむ―原発を選ばないという生き方」が開催された。開会にあたって松原徹心副監院は命名との関わりについて、「動燃事業団の故・清水迪副理事長（当時）が「文殊の知恵、普賢の慈悲をいただき、理想的な原子炉ができるよう願って命名した」と報告し、時の永平寺禅師は「それはいいことだ」とおっしゃられたと聞いている」と説明している。

○○三年、運転停止。

小出　動燃がそういうことを言うのはわかるけれども、仏教界が本当にそう思って命名に関わったのですか。

中嶌　だから、すごく誤解を受けてしまったと思うんです。本来の文殊菩薩が乗って制御しようとしている獅子は、プルトニウムみたいな核物質でも物質的なパワーでもなく、人間の内面の欲望なのです。欲望や人間のエゴ、これはすごく強力なものなんですね。これが暴走していったらなんでもやらかします。戦争もやるし、科学技術や産業の名を借りて、人を傷付けたり命をだめにするようなことでも、どこまでもやり抜いてしまう。そういう人間の欲望がエスカレートしていけば、しかもそれが組織的な力を持てば、とんでもないところまで暴走していく恐れがあります。そういうものをいかにコントロールしていくかというのが、本来の仏教の意味していた事柄だとわたしは思ってます。

小出　わたしは哲演さんに同意しますけれども、「もんじゅ」なんて人間の欲望をまさに開花させるというか、そういうものじゃないですか。だから哲演さんが言った意味のとおりで、まさに獅子をコントロールするんじゃなくて、獅子を解き放って、好き放題させるということをやろうとしてるわけです。なぜ気がつかないのかと思います。

中嶌　当時の雰囲気として、仏教界の指導者までそういう思いにさせてしまうようなところがあったんですね。わたしも途中で「これはだめだと」気がつき、抗議をしましたし、改名の提案までしたわけです。今思えば、わたし自身もずいぶん脳天気なところがありました。

Ⅱ

人間と敵対する科学への疑念

脱原発ではなく「反」原発

――（編集部）小出さんは著書のなかで、「脱原発ではなく反原発」と書かれていますね。今、いろいろな人たちが「反原発」「脱原発」「卒原発」と、それぞれの立場から原子力に異議を唱えはじめています。

小出　わたしが原発がダメだと思ったのは、一九七〇年、たぶん哲演さんと同じ頃だと思います。あの当時は、日本中がマスコミも含めて諸手を挙げて、これからは原子力だと言っていた時代でした。その一方で、原子力発電所の立地を担わされた地域の人たちが、困惑しながらも「いったい、なんでだ」という声をあげたんですね。それに対する答えはというと、金と権力とブルドーザーで、闘いにもならないような闘いを強いられた。国家の力で反対の声を踏み潰しながら原子力を進めたという歴史だったとわたしは思います。

わたしはそれに我慢ができなかったので、その人たちのそばにいて、国家のや

ることに抵抗したいと思ったんです。向こうがこんなことをするのか、それなら
とことん抵抗するしかないということで、向こうが仕掛けてきた闘いにわたしは
なんとか少しでも抵抗したい。ただそれだけなんです、わたしの思いは。
　それ以降、すでに五四基、五五基と原子力発電所をつくられてしまったけれど
も、どこでも同じです。ようするに、それまで平和に生きてきた人たちの生活そ
のもの、人間的なつながりそのものが、金と権力とブルドーザーでずたずたに引
き裂かれていってしまう。そんな無法を見過ごすことができないので、ただただ
わたしは反対をするということなんです。それを潰すことができたら、それでい
いのであって、次の未来はどんな未来だとか、原子力をやめさせるために、どん
なエネルギーが必要かとか、そんなことは、失礼な言い方だけれども、わたしに
とってはどうでもいいことなんです。もちろん、それが大切だという方は考えて
ください。わたしにとって大切なのは、とにかくこの国家の無法をやめさせると
いう、それだけです。
　だからわたしは〝反〟原発なのです。だからといって脱原発の人と敵対するこ

とはないし、卒原発という人も、どうぞみなさんやってくださいという思いです。わたしはこれからも国家のやることに抵抗する、それをわたしの仕事にしたいと思っています。

中嶌 小出さんの場合は女川《おながわ》（宮城県女川町）の住民の叫びというか、生の声が一番のきっかけですか。

小出 そうですね。はじまりはそれです。

中嶌 そうすると一九七〇年ごろ。東北大学工学部にお入りになられたのは……。

小出 六八年の四月です。

中嶌 ああ六八年ですか。でも早いですね、二年後にはもう女川に行かれている。

小出 本当に一八〇度転回したのは七〇年の一〇月です。それ以降は女川に長屋を借りたりして、半分現地に住み込んで反原発をするようになりました。

大学闘争と女川住民

中嶌　そのころ東北大の中では、原子力に批判的な大学教授とか、助教授クラスはいたんですか。
小出　もちろんいません。
中嶌　学生が運動の主体だったのですか。
小出　その当時はいわゆる大学闘争の時代でした。六八年に東大で大学闘争が始まって、ちょうどわたしが大学に入った年だったのですが、わたしは大学闘争が何をやっているのか全くわからなかったんです。ただひたすら原子力をやりたくて勉強する、そんな学生でした。一方で女川原発の問題が起きても、わたしがやりたい原子力を東北電力がやってくれるわけですから、「ああ、いいことだ」ぐらいにしか受けとめていなかった。ところが女川の人たちは、「なんで自分たちのところなんだ」と強く訴えた。電気をたくさん使う大都市・仙台には、近くに仙台火力発電所もあるのに、原子力発電所だけはどうして自分たちのところにつくるんだと疑問を出したんです。出されてしまえば答えるしかなかった。でも、わたしがいたのは工学部原子核工学科ですから、教員たちはみんな原子力はいいものだとしか教えない。なんで都会に建てないで過疎地に建てるのかと聞いても、答えはいっこうに出てこない。

中嶌　きちっとした答えはなかったですか。

小出　全然ない。

中嶌　まあ、できないでしょうけれども。

小出　でも、できないじゃわたしは困る。ちょうどその頃、米国で原子力の問題点を洗い出そうというような動きが起きはじめていました。また、「憂慮する科学者同盟（ユニオン・オブ・コンサーンド・サイエンティスト　The Union of Concerned Scientists）」といったグループがようやく声をあげはじめたという時代で、わたしはそういう情報を入手できるようになったので、その情報をもとに工学部の教官とケンカをはじめました。ケンカをすればするだけ、彼らが間違えている、原子力を進める人たちが間違えているということを、どんどん確信するようになりました。そして、七〇年に自分の選択を一八〇度ひっくり返しました。

中嶌　学生、学部生に、そんなことがわかるのかなあとわたしなんかには思えるけど……。

小出　当時は大学闘争の時代で、大学闘争が何を問題にしていたのかというと、自分がやっている学問が社会的にどういう意味をもっているのかを答えよということだったとわたしは思います。だからみんな苦悩していました。学生でいることはいったいどういう意味を持っているかを問われてしまう。原子核工学科の中で、わたしも苦悩した。みんな原子力をやりたくて来たわけですが、自分がやっている学問が社会的にどうなのかということは、やはり時代の流れの中で問われざるをえなかったのです。原子核工学科の中でも、一緒に原発反対に加わってくれるという学生はたくさんいました。教授とケンカするときも力を貸してくれました。初めのうちは別になんでもない顔をしているのですが、わたしが必ず授業を潰しにいくので（笑）、教授と論争になるわけですが、だんだんその論争を繰り返していくうちに、学生がほとんどわたしの味方になりました。今の大学がどうかは知りませんが、社会から切り離されてただただ学問をしていればいいという、そういう時代では少なくともなかった。自分のやっていることの意味をどうしても問われてくるので、面白い時代だったとわたしは思います。

中嶌　わたしは、東京芸大を中退して高野山大学に転入したのが六三年で、六六年には高野山から下りていましたので、いわゆる六八年、七〇年前後の全共闘運動だとかをあまり知らないんです。自己否定とか大学解体とかいうようなことが、かなり言われていましたね。小出さんもきっといろんな葛藤を経験されたと思うけれども、自己否定とか大学解体論が当時言われた中で、あえて内部にとどまりながらやっていこうとされた。

小出　ええ、そうです。東北大学は元の帝大の一つです。そういうところが大日本帝国を支えたわけだし、その時は原子力を支えようとしている時代だった。ですからわたしは大学は解体したほうがいいと思いました。自分がそこの学生であること自体も、社会的に問題だと思いました。自分の存在そのものを考え直さなければいけない。自己否定という言い方とは言葉が違うと思いますけれども、自分の拠って立つところが何なのかを、ちゃんと考えなければいけないという意味では、大学闘争は大変意義があったと思っています。明確な方針もなかったし、明確な展望もないまま進めてしまったので、結局敗北するしかなかったわけですが。でもあの時代に生きたことをわたしはよかったと思う。

中嶌　それは、ずっと小出さんが反原発のスタンスでありながら内部にとどまってこられたことの、一番の原点になっているんでしょうね。

小出　わたしを支えてくれたのは大学闘争と女川の住民です。

中嶌　なるほどね。

反原発運動の初期は頑張っていた……………

中嶌　わたしの場合は、原発の問題に目を向けはじめたのは六八年です。新聞の切り抜きから始めて、京大の先生とか、地元の福井大学の科学者会議にも加わっていた人とか、そういう人たちの話を聞いたりしていました。ただわたし自身が原発に目を向けた直接のきっかけというのは、小浜に原発が来るという話が持ち上がったからだったんです。

小出　すでに若狭には何基も原発が来ることになっていた。

中嶌　その時点ですでに、原型炉「ふげん」も含めて七基が計画中、建設中だったんです。で、七〇年には、大阪万博に向けて美浜一号機と敦賀一号機が運転開始しているでしょう。ですから、わたしはたしかに人よりは早く原発に目を向けたということになるけれども、でもそれ以前はどうだったかというと、六基も七基も計画されているにもかかわらず、あまり気がつかないできたし、関心を払っていなかった。自分の足元に原発が来るということになって、初めて目を向けたということだったんです。

その最初の六基が、さっき言われたような、さまざまな策略をめぐらし、住民を籠絡《ろうらく》するようなやり方で計画が始まっていますね。まっ先に公社の名前で半島の先端部が買い占められて、それが熊谷組*に転売される。それがまた今度は電力会社に転売されていく。最初の土地を買うときの目的は観光開発です。それがいつのまにか原発に変わっていたわけです。そのへんの経過を、わたしはほとんど何も知らないまま、小浜に原発が来るという話になった。

＊福井市に本店を置くゼネコン。若狭の原発関連建設工事を独占的に請け負う。創業者一族の熊谷太三郎（二代社長・故人）は自民党の参議院議員として科学技術庁長官、原子力委員会委員を務め、「もんじゅ」建設を強く推進した。

――しかし、それ以前に原爆被爆者の援護活動に関わっていたのでしたね。

中嶌　高野山を下りて小浜に帰ってからは、そっちのほうばかりに時間もエネルギーも使っていた面がありました。学生時代からすでに関わっていたんですが、でも休みのたびに小浜に帰省していたんだから、なんで原発のことに気がつかなかったのかなと思うんですよね。わからずじまいのまま、小浜に原発が来るということで初めて目が覚めたということですね。ただ、わたしの運動の前史として、原爆被爆者の人との出会い、交流から、さまざまな被爆体験を聞かされていました。ですから原発が死の灰をつくりだすとか、原爆の材料であるプルトニウムをたくさんつくりだすとか、そのことだけで原爆被爆者の問題と原発の本質的な問題が一直線につながり、すっと入ってきたということはあったということです。

――小浜の住民の方々は、哲演さんのように、すっと危険に結びついたのでしょうか。

中嶌　小出さんも言われていたように、あの時代、六〇年代末から七〇年代の前半というのは、学生運動があったと同時に反公害運動もけっこう全国的にあったんです。政治的にも革新的な人が自治体の首長になったりとか、そういう時代の波もありました。案外わたしは、反原発運動の初期のほうがそれなりに頑張っていたような気がする。日本列島で二十数地点、原発を食い止めてきていますからね。ほとんど市町村レベルで食い止めたんですよ。県レベルや国レベルにまで手続きが進んでしまうと、ほとんど止められない、ブレーキをかけられません。だからそういう点では、小浜は一応阻止はしましたけれども、けっして例外的な事例ではないということです。その当時の反公害や学生運動、諸々の運動が幸いしたかなという気はします。

原子力の場に残るという決断

――小出さんは、東北大学を出て京都大学に就職されたわけですね。それは旧帝大の中で原発に反対することに意義を感じたというか。

小出　わたしは別にどこでもよかったのです。大学院というコースを終えて、どうしようかなと考えたわけですけれども、その当時一緒にやっていた仲間がたくさんいたのですが、就職ということになれば結局、みんな絡めとられていくのがほとんどでした。原子力産業に就職する人もいれば、全然違うところに行く人もいるけれども、いずれにしてもどこかの企業に就職することにならざるをえなかった。わたしと一緒に女川に行っていた特別の仲間がいたのですが、その仲間は、もう原子力はだめだし、大学もだめだ、こういう大学に行くこと自体がいやだ、原子力という学問をすることもいやだ、と言った。まさに自己否定で、「もうやめた」と言って大学院を本当に辞めてしまって土方になった。エリートという立場にしがみついてしまうと、その立場から抜け出せないし、しがみつこうとすることで、社会に絡めとられていく。最下層にはじめからなってしまえば、失うものはないから、なんでもできるというので、原子核工学大学院をぱっと辞めて、今でも女川原発の反対運動の中心になっている。

中嶌　篠原弘典さん（現「みやぎ脱原発・風の会」代表）ですか、仙台の。同級生なんですか。

小出　彼はわたしより二年上です。彼はそういう選択をすると言いました。わたしはそのときに、それはそれでもいいけれども、わたしは原子力というものがあって、大学もあって、学問がある限りは、その場所で抵抗する人間も必要なはずだと思った。だから「わたしは残る」と言ったんです。そのかわり地位とかポストとか、そんなものにしがみつくようなことは決してしないと彼に約束して、大学に残ることにした。原子力の場に残ることにした。

それでも別に大学に固執したわけではなくて、最初は電力中央研究所*に就職しようとしたんです。

*電力会社の合同出資により運営されているシンクタンク。

中嶌　え、電中研に？

小出　はい。ようするに敵の中枢ですね。そこに行って原子力を止めようとわたしは思った。東北大学と電力中央研究所でやりとりをして、小出は電力中央研究所の狛江研究所のこの部署のこの机に座るというところまで決まっていたんです。ですけれども、さすが電力中央研究所で、わたしが誰であるかがすぐにわかっちゃったもんですから（笑）。内定取り消しになって、電力中央研究所が東北大学まで謝りに来ました。でも、いずれにしてもわたしは電力中央研究所には行けなくなった。他の企業にはたぶんとってもらえないだろうな、どうしようかな、しょうがないからドクターコースにでも残ろうかなと思っていたときに、原子核工学科の掲示板に京都大学の原子炉実験所が公募しているという掲示が出たんです。この実験所は全国共同利用研究所というもので、新たに採用するときには全国に公募をかけるというシステムになっているのです。その公募の案内が東北大学にも貼ってあった。それを見て試験を受けに行ったんです。そしたら採ってくれるというので、ここに来てしまったという、そういういきがかりです。だから帝国大学に固執したわけでもないんですけれども、たまたまそういう……。

中嶌　帝大の試験を通ったんですね。

小出　通ってしまったわけです。

中嶌　そう、電中研に決まってたんですか。

小出　はい。決まってたのにね……。

――電中研に入っていたら、きっと相当すごいことになっていましたね。で、こちらに来てみたら、「熊取六人組」の方々が……。

小出　はい。ここに来る前に、わたしは女川で原発の反対運動をしていましたし、この熊取にも海老沢（徹）さん、小林（圭二）さん、瀬尾（健）さん、川野（真治）さんという四人がいて、その四人がすでに原子力に反対して活動していた。また一九七三年の秋に伊方原子力発電所（愛媛県）の裁判が始まったとき、その四人はすでに裁判にコミットしていました。ですから、わたしがここに来るときには、彼らがいるということを十分承知していて、わたしが行って五人になるぞと思いながら来たわけです。わたしもすぐ伊方原発訴訟に加わりました。そのあ

と、今中哲二さんが二年後に来てくれて、結局六人になって、「六人組」と言われてみなさんから後ろ指をさされながら……（笑）

――でも、小出さんが入られる前の四人のメンバーは、まさに〝獅子身中の虫〟みたいな存在です。よく小出さんまで採用しましたね（笑）

小出　まあ大学ですから、もともと人物調査なんてすることは普通はないでしょうし、とくに京都大学は、そういう意味では非常にルーズというか、おおらかというか、そういう気風の大学ですから。調べるなんてことは思いもよらなかったみたいですね。おまけにわたしがここに試験を受けに来たときには、東北大学工学部の原子核工学科の主任教授とわたしの指導教授と、それから京都大学から東北大学に転勤してきた教授がいて、その三人が推薦状を書いてくれました。わたしは三枚の推薦状を持ってここに来たわけです（笑）。まあ、東北大学としてはわたしをさっさと追い出したいという思惑があったのかも知れないですけれども。

放射線被曝の陰湿な性格

——原発現地で反対運動の中心になってこられた哲演さんも、大変なご苦労があったことと思います。まざまざと体験されたことというのは、どんなことでしょうか。

中嶌　ありすぎて（笑）、何から話していいかわかりませんが……。そうですね、不思議なことに相手は巨大な力なんですけれども、さっき言いましたように、実際に原発やその関連施設を止めることができたのは、市町村レベルの運動だったんです。小浜もそうでした。しかし、理不尽さという点で是非知っておいていただければと思うことがあります。小浜の場合は、有権者過半数の署名運動が最終的な力になって原発誘致を阻止できたんです。ところが、それと入れ替わりに大《お》飯《い》原発ができた。四基とも巨大原発です。一、二号機が一一七・五万キロワット、三、四号機が一一八万キロワットです。福島第一原子力発電所の事故でもその理不尽さがはっきりしましたけれども、大飯原発の場合、万一大事故が起きた場合

若狭の「原発銀座」

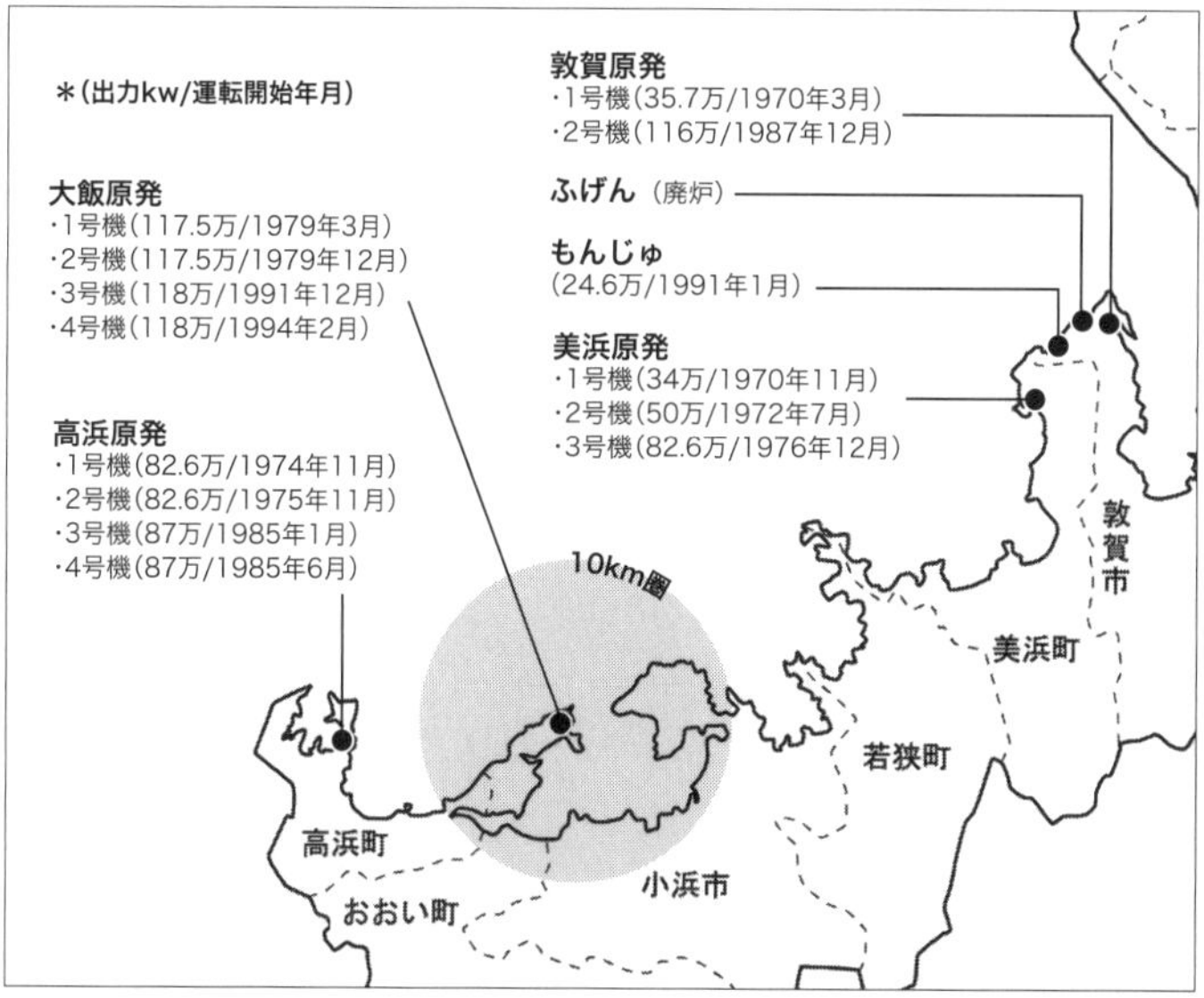

の防災範囲が八〜一〇キロなわけです。住民分布で言うと、小浜市民がその範囲の七割を占めているんですよ。地元であるおおい町は二割弱。小学生が考えたって、この大飯原発の現地住民が誰かというのは歴然としている。にもかかわらず、これまでの原子力行政では、その原発の存在する地籍がどこかということだけが唯一の根拠になってきたのです。だから、大飯原発のあの巨大原発四基は、地元自治体はおおい町であり、それに口を差しはさめるのはおおい町

議会であり、おおい町民なんです。原発を拒否した小浜の市民やら小浜の議会やら自治体に、金輪際発言権を与えたくなかったということがはっきりしていると思います。

——事故が起きれば、最大の被災地は小浜市なのに。

中嶌　だから、なぜこんなに原発が五十数基も、あれよあれよという間に押し切られて今日に至ったかというと、放射線被曝というのが、すごくわかりづらくて、だましやすくて、だからだまされやすいという特質をもっていたからだと思います。他の公害は、少なくとも五感でわかったり、すぐにいろいろな影響が現れたりするから、反対運動も盛んになったと思うんです。それともう一つは、原発の地元という概念を、ものすごく狭く限定してかかってきたということ。これが行政手続きをたやすくしたわけですね。経済的な面で言えば、推進する側は安上がりになったわけです。小さく、狭く限定した地元にだけ経済的な手当をすればいいと。これが逆に地元の概念を拡げれば拡げるほど、手続きがややこしくなり、反対の意見の対応とか、経済的にもかかる金額が大きくなる。補償金を出すにしたって、地元の概念が拡がればたくさんのコストがかかっていくわけですしね。

小出　いま、哲演さんがおっしゃったように、放射線って五感に感じない、目にも見えない、臭いもしない、さわってもわからない。ですから普通のみなさんが危険を感じとるということは、とても難しいと思います。

中嶌　それをいいことに推進勢力は強行してきたということだと思うんです。放射線被曝というものは、ものすごく陰湿で陰険な性格を持っているように思います。原発の中で働いている労働者も、被曝の恐れがある周辺の住民も、放射線被害というものを五感でとらえられない。時間を経て、歳月を経てからでないと、悪影響が自分の上に現れてこないという陰湿さがあるのですね。そういう独特の特質みたいなものが影響していて、だます側はだましやすい。金の力やいろんなことも合わせて、簡単にだますことができる。「ただちに影響はない」なんていう言葉が流行したように、だまされる側も、すぐに痛いとか苦しいとかいう結果が出てこないからだまされやすい。放射能が嫌な臭いがしたり、見てくれが汚かったりすれば一目瞭然なんですが。これまでのさまざまな公害とは違った被曝というものの特徴が、そこにあるのかなと感じます。だから専門家の方々が、よほどきちんと説明してくれないといけない。

——そういう意味でも地方の僻村地や、産業基盤の弱い地域が狙われるわけですね。

小出　ようするにわたしが差別という言葉で呼ぶ構造です。

中嶌　「差別と犠牲の重層構造」とわたしは言ってきました。大都市圏の電力需要、消費のための施設に過ぎないにもかかわらず、地方の過疎地の海岸の、インフラがほとんど整備されてない中で、地元住民が道がほしいとか、橋をかけてほしいとか、そういう悲願をもっているところへ、原発はどうですかともちこんできたわけです。そうすると、たとえ原発の問題点を論争するにしたって、その範囲に閉じ込められがちです。本当は電力を享受するメジャーな大都市圏の人たちにこそ、原発の問題を論議してほしいのに、それが共有されないできたということです。そういったことなどが、やはりここまで原発を増やして、のさばらせてきたことにつながっていると思うんです。

小出　国は、それを意図して進めてきたのです。平成大合併というのがあって、市町村が山ほど合併したけれども、原発立地町村だけは合併しない。小さな単位のまま残すということは、むしろ国家が誘導しながらやってきているわけです。卑劣というか、老獪というか。本当によくできていますね。

中嶌　そしてまた現地に思い込ませるんですよ。もし合併すれば自分たちの分け前が少なくなる。だから独り占めしたい、あまり他と合併したくないと、地元があたかも望んでいるようなふうに仕向けてきてるわけでしょう。もう本当にやりきれないですよ。

――うーん、頭がいいですね。

小出　本当に頭のいい人たちです。

中嶌　もっと別のところにその頭を使ってほしいと思ってるんですけど。

原子力村はむしろ現地にある

中嶌　原子力村という言葉があるでしょう。『福井新聞』の記事を読んでいて、ああなるほどと思ったんですが、「原子力村はむしろ現地にある」と書いている。これは納得できる話で、わたしは今言われている「原子力村」という比喩はものすごくちっぽけで、原発を推進してきた巨大な推進勢力、システムというものは、「村」なんていうささやかなたとえでは表現しきれないと思っているんですね。

音楽家の坂本龍一さんは原発推進勢力を「ペンタゴン」にたとえています。五角形のいろいろな分野を指して、アメリカ国防総省になぞらえ、そう表現されています。そして広瀬隆さんは「シンジケート」なんていう言葉を使っています。そういう巨大な存在としての「原子力村」、つまり現地に原発を押し付けてきた巨大勢力である原子力推進組織と、そういうものが現地につくりあげた「ミニ原子力村」がある。これによって現地はコントロールされ、一般住民までコントロールされてきたのであって、それをわたしは「原発マネーファシズム」という言葉を使っています。

お金の力によって住民が自由にものを言ったり、行動したりできない、そういうファッショ的な雰囲気が地元につくり上げられていきます。地元の行政や議会、地元の産業界が、原発なくしては自分たちはやっていけないという強迫観念に近いものを持たされているからです。それが現地にある「原子力村」なのですね。そして、一方では巨大な原発推進勢力は、巨大な利益が絡んでいますから、わたしたちが何を言ってもなかなか耳を貸そうとしない。彼らが抵抗勢力となって、せっかく国の中で巻き起こっている原発停止、脱原発へという世論を巻き返そうとしている。そういう力が一方で働いているんですね。

――一気に五四基できてしまったというお話でしたが、その要因といいますか、七〇年代はそれなりに活発だった反対運動が、なぜか退潮していって……。

小出　一度落とされてしまった地域は麻薬患者になってしまうからです。五四基あるといっても、立地しているところは一七カ所ぐらいでしょうか。一カ所に三基も四基も建てられているわけで、一度負けてしまったらもうおしまい。次をもらいたくなる。

中嶌　結果、集中化してしまう。

小出　哲演さんたちだって、七〇年代の初めにたくさんの地点で押し返しはしたけれども、負けてしまったところは次々と増設ということでここまできてしまった。

国は、忘れ去らせようという作戦を立てている……………

――小出さんも、哲演さんも全国を精力的に講演に回られていますが、聴衆の方の反応が今までとと違うとか、そういうことは感じますか。

小出 たとえば七〇年のころは、反対運動というと地域の人たちと労働組合の人ばかり。労働組合の勉強会なんかに行くと、半分くらいの人は突っ伏して寝てる（笑）。ようするに組合の動員ですね。行くのはいいけど弁当出ねえや、動員費くれねえや、とか、まあ、そういう人が多かったんです。たしかに組合運動がそれなりに力を持っていた時代でもあったので、なにかの運動をしているようなかたちはあったけれど、それでは、結局は負けるしかなかったんだと思います。わたしはそういう組織の運動よりは、一人ひとりの自律的な運動というのが起きなければだめだと、ずっと思い続けてきました。

たとえばチェルノブイリ事故の後に、日本にも放射能が飛んできたとか、伊方原発で出力調整実験をやるというときに、都会の人たちが、これは大変だ、自分たちのところに放射能汚染がくる、と言って、危機感を感じてかなりたくさんの人が立ち上がってくれたこともありました。でも、それもあっという間になくなってしまった（笑）。本当に思っていたのではなく、なにか一時のムードでそうなったけれども、本当に自分の中からわき出たものではないから、消えてしまった。今は確かに集会に行くと、一人ひとり動員で来ているわけではない人たちがわたしを呼んでくれています。ありがたいと思いますが、本当にこの動きが根を張って長く続いてくれるのだろうかと思うと、不安もあります。

中嶌　四〇年の運動の経験則から言って、何回かの大きな波があったんですね。スリーマイルのとき、チェルノブイリのとき、あるいは一九九九年のＪＣＯ臨界事故（茨城県東海村）や九五年の「もんじゅ」の事故の後とか。そういう節目節目の大きな事故があったときには、すぐ止めろとか、全部止めろとか、いろいろな運動が一気にわっと盛りあがった。けれども、やっぱりいつのまにかその波が引いていったという経験を、これまで何回もさせられていますからね。でも、今回はちょっと訳が違うでしょうと言いたいけれど。

実は、このあいだ明通寺で、女性の議員さんたちが一〇人ほど集まって話し合いをしていたんです。そうしたらある議員さんが、電力会社の社員がわたしにこう言いましたよって教えてくれたんです。どこの電力会社かは知らないんだけれども、「どうせ、もう三年もすればみんな忘れちゃうんですよ」って平然と言っていたという。これほどの事故であっても、推進事業者だとか国自体にもそういう経験則がある。だから、平然とそんなことを言うのでしょう。これからはもう許されないと思うんですが。

小出　いま、国はとにかく忘れ去らせようという作戦を立てているのですね。ですから、放射能に汚染されたがれきが山ほどあるんですけれど、それを全国にばらまいて、勝手に燃やして勝手に埋めてしまえと言う。それで知らん顔をしようとしてるわけです。いずれにしても、たぶんそんなに長い間この問題をかかえていくわけにはいかないので、数年でその問題に彼らは決着をつけるつもりなんです。

食料については、いまはいわゆる暫定基準ですし、これからちょっと変わったものができるかも知れませんが、その基準を上回ったものは市場に出させないから忘れろと。下回ったものはもともと安全なんだから忘れろと、そういう作戦に打って出ている。とにかく、なんでもかんでも忘れさせようとしてしまっているわけです。わたしは、食べ物にしてもがれきにしても、どんなに低いレベルの汚染でも危険なのだから、どれだけ汚染しているのか、一つひとつちゃんと表示して、消費者が選べるようにしなければいけないと思います。それができなければ子どもを守ることもできない。でも、わたしの言ってる主張なんて全然通らない。国家は忘れ去らせるための作戦を、強く推し進めてきてるわけです。

中嶌　ずいぶん前に「小浜市民の会」の運動を新聞記者が取材に来て、会の目的はそもそも何ですか、と聞かれたものですから、「小浜市民の会を解散することです」って言ったんです。そしたら記者がキョトンとしまして、それはどういう意味ですかって言うんです（笑）。いや、本当にそれを願っているんですよってね。若狭のこういう状況がなくなって、原発設置反対を名乗るような組織が必要とされなくなるような状況をつくりたいということです、と。原発の問題は彼らが反対してるから、あいつらに言わせておけばいい、まかせておけば、なんとかするだろうという空気が、いつまでたっても変わらないようではダメなんです。この問題は、ほんとうに小浜市民一人ひとり全員にかかわってくることであり、それこそいのちが、安全そのものが脅かされかねない、みんなに共通した問題なんだ。だから、どの団体もグループも、一人ひとりの市民も、これは自分の問題で、声をあげ、やるべきときには行動しなきゃいかん——、そういう気持になってくれて、声をあげたり、行動してくれるようになれば、原発反対プロパーの組織なんて必要じゃなくなるでしょう。そういう状況ができあがるのがわたしらの願っていることなんですよ、って言ってね。それでキョトンとされたのを、少しはわかってもらったんですけど。

今度の福島の事故で、農民は田畑を捨てざるをえなくなったし、漁師さんは近くの海で漁をすることができなくなった。地震でも津波でも壊れていないのに、自分の店や工場を捨てて、避難せざるをえなくなった人たちも大勢います。子どもたちの世話をしていかなくてはいけない保母さんや教員だって学校そのものから逃げ出さなくてはいけない事態が生じています。行政で言うなら、市町村レベルの全行政担当部署が、総動員でカバーしなくてはならない問題です。そうでないとケアできないような複合的な問題、広範囲にわたる事態が現出しているわけですよ。そういうことを防いでいくためにも、同様の構えが必要でしょう。それぞれの部署の人たちが、自分の問題として対処していく。農林水産業を担当している行政部署、教育関係、障害者・福祉関係を担当している部署、それぞれがみな考えていかなくてはいけないことでしょう。財政関係にいたっては、本当にとんでもないコストがかかりますよ、忠実に手当をしていたら。

――国がちっとも復興に本腰を入れないのは、それをやると国家が破産してしまうからということですか。

小出　もちろんそうです。当然です。

原子力を進めてきた人間を全員刑務所に入れるべき……………

――電力会社は、さかんに燃料不足を言いますね。あるいは調達コストのことなども喧伝して、大規模な節電キャンペーンを張りました。

小出　節電しないと停電するぞ、原子力がないと停電だぞ、と言って政府と電力会社、大手マスコミも、みんなグルになって脅しをかけています。でも日本には水力発電所と火力発電所がたくさんあって、政府のデータを信用する限り、原子力なんてすべてなくしても、真夏の一番ピークの電気を使うときでも必ず電力は足りるのです。ですから本当は何も困らない。

――それは公式に発表されているデータから見て、ということですね。

小出　そうです。わたしが使っているのは政府統計局のデータですけれども、それでも水力と火力で最大需要電力量をいついかなるときも賄《まかな》えるという数字になっています。原発は即時、全部を止めても何も困らないというのが本当です。

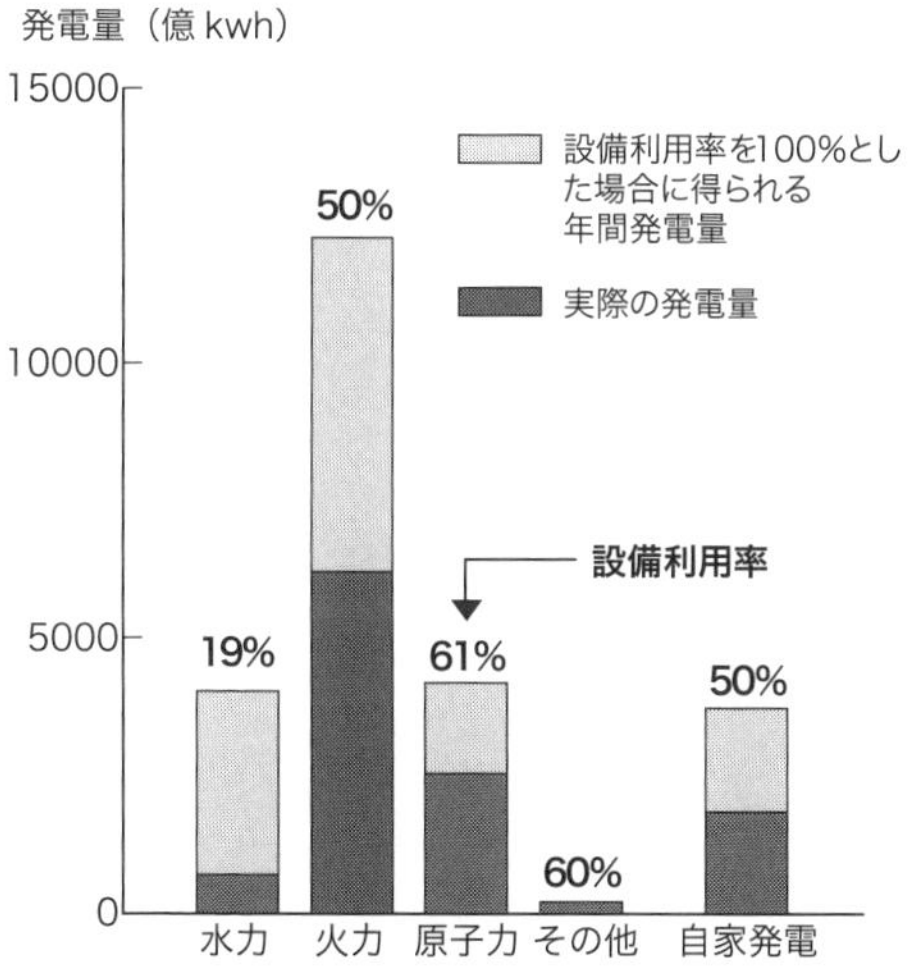

日本の発電設備の量と実績（2008 年度）
全発電設備の年間設備利用率：48%
作成：小出裕章

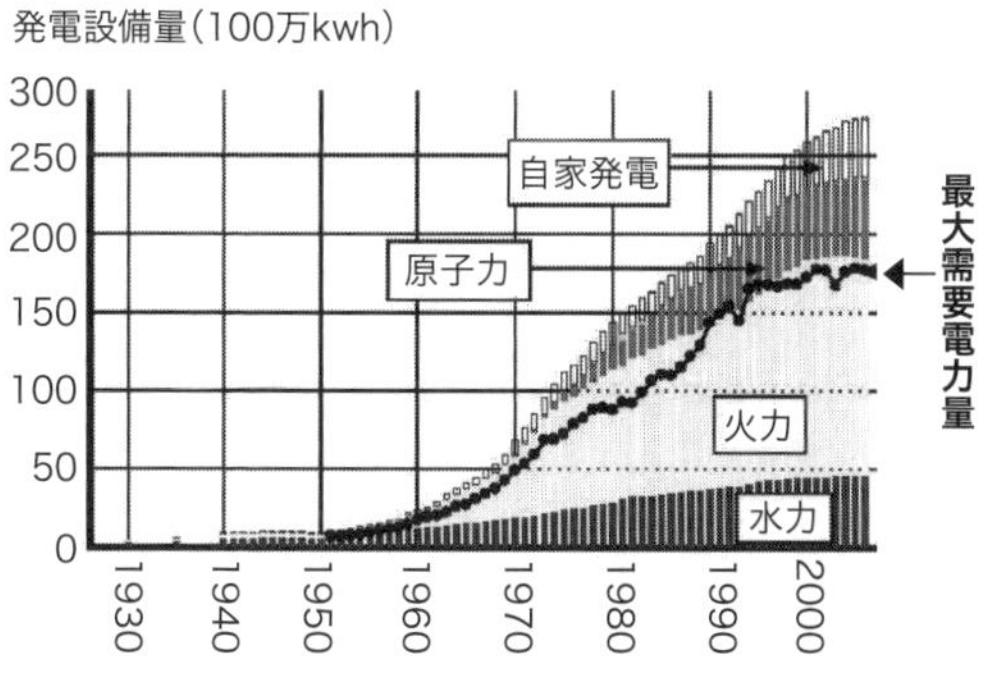

発電設備量と最大需要電力量の推移
作成：小出裕章
（最大需要電力量は電気事業に関するもののみ）

それでも止めたら電気が足りなくなると国と電力会社が脅しをかけて、多くの人はそれにだまされて、やっぱり原子力は必要なんじゃないか、原子力発電所を止めると電気が足りなくなっちゃうんじゃないかと誘導されているんです。

わたしはもともと電気なんか足りようと足りなかろうと、原子力だけはやってはいけないと言ってきたんですから、別に発電所が足りてますとか、足りてませんとかいう議論はあまりしたくはないんです。でも政府自身が足りてますというデータを出してるのに、まだこれでも一般国民がだまされる。政府、電力会社、マスコミが一体となってそういう情報を流すわけで、そんなことはないという情報を、本当はもっとしっかりと流さなければいけないんです。

中部電力なんて、浜岡原発を止めてもなんでもありません。まあ一番困るのは関西電力でしょうね。それでも四国電力と九州電力、あるいは中国電力から今までさんざん電気を融通してもらってきているわけだし、これからだって融通してもらえるならば、いついかなるときでも困りません。

——一方では原子力を推進してきた専門家の方々がいます。科学者・研究者の責任は、これから大きく問われるわけですが。

小出　感じ方の軽い人もいるし重い人もいるでしょうけれども、これまで原子力を推進してきて、そして今回のような事故を起こしたわけですから、わたしは個人の責任を一人ひとりちゃんと問うて、刑事罰を加えるべきだと思います。ですから中曽根康弘さんを筆頭にして、これまで原子力を進めてきた政治家、東京電力の会長・社長、関西電力もそうでしょう、あとは原子力委員会、原子力安全委員会に巣くっていた学者たち、全員刑務所に入れるのがわたしはいいと思います。彼らはこれまで原子力で責任をとってきたことは一度もないわけだし、そういうことでもしないと何が起きても自分が痛みを感じない。そういう体制だったんです。わたしは人間として生きていく上で一番大切なことは、自己責任を果たすということだと思います。責任があることに対しては責任を果たす、責任のないようなことを人に押し付けてはいけないということが、わたしは人間として最も大切だと思うので、少なくとも原子力をここまで進めてきた人間は、全員刑務所に入れるというぐらいのことをやるべきだと思う。そうでもしないと、この原子力は止められない。

責任の所在を明らかにしない日本人のメンタリティ……………………

小出　でも、日本ではいまだに原子力推進の人々の作戦が功を奏してきています。しかし、ヨーロッパの国々は違いました。今回福島の廃墟を見て、ドイツはさっさと脱原発に戻っていく。スイスもそうだし、イタリアもそうでした。地球の裏側のようなところの出来事をちゃんと受け止めて、「これはやはり原子力発電をやるべきではない」と正しく判断できる人たちが、かの国にはいるわけです。ところがこの日本という国では、自分のところで起こっているのに、なおかつ感じることができない。停電したらいやだから原子力は必要かなと思うような人が、まだたくさんいるというのです。わたしにとっては信じがたいことが今でも進行しているし、ここまできてまだだまされるというのは……、これも信じがたいことです。

わたしは日本人のメンタリティというか、歴史的な来し方だと思います。先の戦争にしても責任をきちっと明確にできないまま過ごしてしまいました。わたしは天皇に戦争責任があると、明確にあると思うんですけれども、それを問うこともないまま、いまだに天皇陛下がお言葉されたと、それを日本人がこぞってありがたがるという、そういう国家、あるいは国民の状態、それがやっぱり一番の根源だと思います。

中嶌　すごく重要なことを指摘されまして、わたしも歴史的に考えてみて、そういう日本の国民の歩んできた道、とくに近代の夜明けから日本が歩んできた道に照らして考えなければいけないと思っています。とくに戦争ですね。わたしには、一九四五年の戦争末期半年ほどの間、それと二〇一一年の三月一一日以降の状況がオーバーラップしています。今の状態は、形を変えた戦争だとわたしには思えるんです。内に植民地を設け――原発現地は国内植民地ですよ――、国の安全保障のために沖縄に米軍基地を押し付ける。とくに沖縄は、普天間基地移転問題でようやく国政に浮上したとたん、この三・一一でまたかすんでしまって、ふたたび沖縄を犠牲にしようとしています。天皇の問題でも、戦後も天皇制を維持できるかどうかということで敗戦の決断がもたついたわけでしょう。今もやっぱり原発に見切りをつけていくことができない。もたもたしているうちに第二、第三のフクシマが連続しないとは言えない。まだ巨大な原子力村と、国内植民地化されてしまっている地元のミニ原子力村の目が覚めないいんだろうなと、わたしはすごい危機感を持っています。

だから、小出さんが指摘された日本国民のメンタリティなり、日本の国民がたどった歴史というものを、あぶり出さなければならないと思っています。

科学がやったことは、地下資源の収奪だけ……………

中嶌　ここに貼られているのは田中正造の言葉ですね。

小出　はい、そうですね。

「真の文明は
山を荒さず

川を荒さず
村を破らず
人を殺さざるべし。」

中嶌　明治から敗戦までの間の近代の負の歴史の中、戦前の代表的な事例としてこの足尾銅山事件があると思うんです。戦後はそれに相当する象徴的な事例として水俣病がある。戦前には超人的な努力をした田中正造がいて、戦後は石牟礼道子さんなどが、水俣病の本質的なところまでメスを入れた表現をされました。日本の近代・戦後史の光と影、プラスとマイナスをきっちり考えて振り返らないと、今後の本当の日本の進むべき未来は見えてこない。仮にもし、我々が生きのびるべきビジョンなり、未来があるとするなら、そのへんのことまでを深めて考えていかなければいけないと思っています。それはさっきの日本人のメンタリティ、わたしたち自身のメンタリティの問題。そのメンタリティが培われてきた歴史的、社会的な土壌がどういうものだったのかということも考慮しなければいけないと思っています。

――事故直後には多くの声があがりました。新聞、雑誌や書籍ばかりでなく、インターネット上にも原子力を憂う声が大量に流れました。

中嶌　そうやって脱原発のさまざまな提案が多彩になされているんですが、わたしが一番感動したのは、「少欲知足のすすめ」（『脱原発社会を創る30人の提言』収録）という文章を小出さんが書かれていることです。坊主のわたしたちがこういうことを言ったって、むしろ抹香臭いお説教かととられかねないんですが、科学者の小出さんからこういう「すすめ」をしていただけたというのは、本当にありがたかったですね。

小出　わたしも科学に携わっている人間のはしくれで、科学というのは、なにか人間を幸せにするかのようにわたし自身ももちろん思いましたし、原子力が人類の未来のエネルギー源だと信じていた時期もありましたから、この場所にいるわけです。でも振り返ってみたら、人間が科学で何をやったかというと、地下資源を収奪しただけだったと、今のわたしには見えます。石油にしても石炭にしても、ウランにしても。結局何かを生み出したのかというと、なにもない。収奪して、勝手に汚染をばらまくことになっただけであった。たしかに科学のおかげでできたこともありますが、ずいぶん悪いこともしてきたわけです。科学で何でもかんでもできるとか、幸せが手に入るなんていう考え方を根本的にひっくり返さないといけない。人間なら人間、生き物なら生き物が本来どういうものかというところに立ち返らないと、これからの地球はもうもたない。そういうところに来ているとわたしは思います。

中嶌　そうですね。さっきの永平寺の話じゃないですが、われわれ宗教者までが戦後の大量生産、大量消費、大量廃棄の世の流れの中で、欲望を抑えられない状態になっていたと思うんです。わたし自身が「少欲知足」から逸脱したことも少なくないわけで、自戒の意味も含めて本来の意味に立ち返らなければと思っています。

さっきおっしゃっていたように、他から強制されて、かつての戦時下のように他律的に「贅沢《ぜいたく》は敵」だとか、「欲しがりません勝つまでは」とか、やせ我慢を強制されるような形での少欲もあると思います。しかし自発的、自律的に欲望の増長を抑制していくところに本当はすごく意味がある。そうすることが他者を傷つけたり、犠牲にしたりしない人間や人間社会をつくり、環境の中の生きとし生けるものをも、できるだけ傷つけたり汚染したり、破壊したりしないですむ道につながっていくと思うんです。

小出　いま哲演さんが、すごく大切なことを言ってくださった。自発的ということが一番のネックです。今この部屋は薄暗くて、照明もつけていませんけれども、別にいいですよね。特別不自由もないし、わたしはここで一人で仕事するのに、なんにも困らない。書類を出しても問題なく読める。エネルギーはなるべく使わないほうがいいということで、わたしはずっとこうやってきています。でも今年の夏は、関西電力が「節電をしろ」と言ってきて、ふざけたことを言うなと（笑）。節電はいいことですが、他から強制されてやるんじゃなくて、自分でそうしなければいけません。

中嶌　一見どんなに美辞麗句であっても、それがやはり他律的に強制されたものであると、なかなか本物の自分の事柄としてとらえにくくなってしまうんですね。さっきおっしゃった日本人のメンタリティもそういうことと関係しますけれど、私は、戦前のスローガン「滅私奉公」が、戦後は「滅公奉私」に逆転したんだという考えです。なぜそうなってしまったかというと、結局、戦前の滅私奉公が他律的な、強制されたものだったからで、戦後はその反動で、何もかも自己本位、マイホーム主義に偏ってしまった面があると思う。自分自身の利益や幸福・平和と、他者の利益や幸福・平和とが、本当の意味で調和していく道には、強制があってはならないんじゃないかと思いますね。

国策としての戦争と原発推進

若狭で〝第二のフクシマ〟を起こさせないために

中嶌 哲演

小浜に原発が来る

一九六七年の暮れ、あるいは六八年に入っていたかも知れませんが、そのとき初めて小浜に原発誘致をという話がありました。日本海側の外海に面している海岸部、岬の先端の奈胡崎《なござき》というところがその候補地になり、誘致を企図していたのは、地元の県会議員、議会の保守会派の関係者。それから市長自らも、やはり前向きの姿勢でした。関西電力の計画では、当初、小浜に四基建設する計画だったのです。それを小浜が食い止めるのは、なかなか一筋縄ではいきませんでした。最終的には、七二年の六月市議会で、誘致派だった市長が、有権者過半数の市民の反対署名を受け、原発の誘致を断念しますと議会で表明したことによって、小浜の第一次反対運動は決着を見たわけです。二万四〇〇〇人ほどの有権者のうちの一万三〇〇〇人。つまり反対署名の数が絶対過半数になりましたので、市長もその反対の多さに配慮せざるをえなくなったんです。

しかし、それ以前の六八〜六九年ごろから、地元の漁民たちの反対運動がありました。奈胡崎は漁業権が二つに分かれていて、一方に田烏《たがらす》漁協という一〇〇戸ほどの漁村があり、ここから有力者が県会議員に出ていて、原発誘致に非常に熱心だった。そして、もう一方の内外海《うちとみ》漁協。そこの副組合長だった角野《かどの》さんという方を筆頭に、彼らが原発誘致に猛反対の運動をしたのです。原発反対の協議会をつくり、その委員長に角野さんがなられました。漁協がそのまま反対協議会になったような感じです。関西電力に抗議に行ったり、火力発電所の視察をしたり、反対運動をしながらいろいろな勉強をされたようです。

当時、若狭などの地域に原発を呼び込んでしまった諸条件の中に、町の中心部に通じる道路を良くしてほしいとか、あるいは峠越えをしないと町に出られないのでトンネルを掘ってほしい、という住民の願望がありました。たとえば、大飯原発の場合は、現地から大飯町（現・おおい町）に出るために入江に橋を架けた。それ以前は、日に何便か出る舟を利用するか、あるいは自分の持ち舟で海をやって来るしかなかった。海岸伝いに細い道路はついていたものの、本土へ通じる道はなかったから、橋がほしい。原発を受け入れた敦賀、美浜、大飯、高浜という地域は、皆似たような事情を抱えていました。

小浜もその例に漏れず、道を良くしたいというニーズがあった。しかし、当時、六〇年代末から七〇年代前半にかけては、全国的な観光民宿ブームが沸き起こっていました。だから角野さんたちは、釣りに来る人や海水浴に来る観光客を都会から呼び寄せることができれば、原発と引き換えにお金をもらう必要はないという考えに立って、道路を良くするために独特の手法を取ったのです。

県会議員や市会議員、市長は原発誘致賛成ですから、福井県選出の自民党の国会議員のところへ直訴したのです。地元に原発が来そうなんだと訴え、もしあなたの票田でこの問題が起こったとき、それに賛成しますか反対しますか、と詰め寄った。その国会議員は沈思黙考して、自分のところにもし原発が来るとすれば、たぶん断るだろうと言ったらしい。言質をとった角野さんは、道さえ良くなれば、都会から観光客が来るから、生活を成り立たせていける見通しがある。だから、今の道を県道に昇格してくれと言った。そして見事に昇格させたら、今度は道を舗装してください、と。そういう形で、着々と道路の整備を実現してしまったんです。原発推進派の地元向けPRとしては、道が良くなりますよというのが大きかったですから、それが崩れたのですね。先手を打ったのです。

しかし、その後、小浜の事例を反面教師として、石川県などでは推進派が非常に強権的なやり方で漁業権を県の管理・許可に一元化してしまい、有無を言わさずごり押ししました。小浜でも、もし田烏漁協に漁業権を一元化していたら、もう絶対に負けていました。あとで市民運動がどんなに反対運動をしても、地元の漁協が漁業権を売り払ってしまえばどうしようもない。漁業権が二つに分かれていたことが、小浜の場合はすごく幸いした。そこに加えて、内外海漁協のリーダーの角野さんの才覚がありました。当時、革新的な反対運動もありましたけれども、そのグループや我々には思いも及ばない手法だったんですからね。

阿納坂トンネル秘話

前史の前史になりますが、六六年にはすでに小浜の町から原発現地に通じる峠に、一トンネルができていたのです。岩肌がゴツゴツ出ているような粗掘りでしたが、一車線のちゃんとしたトンネルです。それがなぜできたかというと、内外海漁協の阿納という一番小浜寄りの集落に、蓮性寺という臨済宗の寺がありますが、当時のご住職だったのが笠井昭道さんといって、後には臨済宗の教学部長まで務められた方です。そのお坊さんが、このトンネルをつくられたのです。当時、村人たちは海でとれた魚を、厳しい峠越えをして小浜の町に行商していました。とくに婦人たちがそうした仕事を担っていましたが、小浜へ行くにはその峠道が通じているだけで、春夏秋冬、四季折々、自転車も通れないほどの細い一本道を苦労しながら降りていく。そんな姿を見ていた住職さんは、この峠にトンネルができれば、ずいぶん村人は楽になるだろうと一念発起され、村人同様徒歩で峠を越えて、一九五五年から六五年の一〇年間、毎日のように小浜の町に托鉢に通い続けたのです。村人のためにトンネルを掘りたいんだと、なんとか志や喜捨をしてくださいと訴えてまわったのですね。そして一定の資金を集め、地元の漁民と一緒に市役所に行って、このお金でトンネルを掘ってほしいと訴えた。とてもこの資金では足りないが、こうして自助努力はしました。あとは行政の力によって掘ってくださいと強く要請されたのです。

それが阿納坂トンネルといって、今はもう使用されていないのですが、六六年にはもうできていました。それがあったから、角野さんたちは道路を県道に昇格し、舗装をしてくれれば、都会の観光客が来やすくなると言うことができたのです。

反対する者への不当な圧力

広範な市民運動体ができる以前の段階で、もし漁民たちギブアップしていたら、完全にやられていたでしょう。推進派は、角野さんたちのそうした働きにもかかわらず、なかなかあきらめませんでした。角野さんには、ずいぶん嫌がらせがあったみたいです。彼の息子さんが二〇歳の時に交通事故で亡くなってしまったのですが、それみたことかと言わんばかりの態度が見られました。反原発運動なんかやるからそんな目にあうんだとか、ひどい非難が浴びせられたりしたのです。陰に陽に、さまざまな圧力が加えられたことは明らかでしょう。

私たちにしても、盗聴されてるなということが明らかにありました。また、夜中に電話がかかってきて、「月夜の晩ばかりあると思うなよ」なんて、歌舞伎のような大時代的な台詞を言われたりとか、警備課の刑事がついてまわったということもあった。ほかにも高浜や大飯、美浜、敦賀にはいろいろな事例があると思います。ちょっと批判的な言動が見られると、公務員ならば人事報復をされる。お店を営んでいる人、民宿をやってる人には客を寄せつけなくするとか、そういうスケープゴートをつくりだし、みんなを震えあがらせて、ものを言えなくしていく。推進派のそういうやり方というのは、むしろ原発を受け入れざるをえなくなった地域の方が多いと思います。

わたしも角野さんのところへ応援に出かけて行き、いろいろな情報を聞かせてもらったり、カンパを持っていって応援したりということをしていました。でも、とうとう角野さんも圧力に抗しきれなくなって、「今までなんとか持ちこたえてきたけれども、もう土俵際で弓なりになっている」と言うんです。「推進の動きは強いんだ」と。あっ、これはもう内外海漁協の人たちだけにまかせておいてはだめだな、とわかりました。「がんばってください。われわれもなんとかしましょう」と励まして、そして七一年の一二月に「原発設置反対小浜市民の会」を結成しました。

六つの加盟団体と三つのオブザーバー団体、九つの団体加盟の組織として出発したのですが、私は「宗教者平和協議会小浜支部」という団体のメンバーでした。たった五人の組織の一員に過ぎないのですが、私が事務局長ということになったのです。他の役員は決めないで、マスコミその他の対外的な窓口に、事務局長の私がなりました。以来、二〇年ほど事務局長を続けざるをえなかったのですが。

反対署名ローラー作戦を敢行

具体的な運動としては、地域で学習会を開催しました。小浜市内は十三の旧町村からできており、小学校や公民館はその十三地域ごとにありましたから、そのブロックごとに、「なぜ小浜に原発を誘致させてはだめなのか」という学習会をやりました。小浜の人口は当時三万四〇〇〇人、有権者が二万四〇〇〇人ほどでしたから、きめ細かさを駆使した運動が可能だったんだろうなと思います。数万とか一〇万人のような大きな町になると、そこまできめ細かくはできなかったと思いますし、逆に数千人とか一万人程度だと、あまりにもしがらみが強すぎて、それに阻害されてしまうという問題があったでしょう。ブロックの各集落ごとにポスターを貼り、戸別にチラシを配布し、そして最終的には署名を集めようという意思統一が、学習会を通じて行われていったわけです。

署名運動は、一三〇あまりの行政区の一一〇区ぐらいまでは加盟団体のメンバーがいてできたのですが、空白区域が二〇余りありました。そこを若狭青年原電研究会という三〇人ぐらいの青年部隊がローラー作戦で集めました。

私たち宗教者のグループはたった五人だったのですが、立正佼成会の青年婦人部長がそのうちの一人だったので、私も立正佼成会の若狭教会に行って頼み込んだんです。訪ねていったら教会長が、今ちょうど村部のおばさんたちが七〇人ぐらい集まってるから、あなたが直接訴えなさいと言ってくれました。私は、四〇分ほどその署名の意味を説明して、みなさんの地元で署名がある場合はぜひ協力してくださいとお願いしました。そして、青年たちが村に行ったら、このあいだ教会でお話を聞きましたよ、この隣り近所は私が署名をもらってあげるから用紙を置いていきなさい、と言われたそうです。

また、キリスト教の牧師さんが自分の信徒のところとか、お寺の住職が檀家さんのところを回ってくれたりとか、そういう幅広い協力も得られました。創価学会の役員会にまで乗り込んで行って、もうみなさん困惑していましたが、中嶌さんの執念には参りましたという感じで、一応訴えを聞いてくれました。

そのほかにも、いろいろな場面でのエピソードもあったと思いますが、何よりも社会党系、共産党系の人たちが一緒になってやってくれたのは大きかったと思います。議会の中ではさらに公明党が加わって、その三党が「市民の会」が集めた有権者の署名を尊重しろということで採択を主張したんです。二六人の市会議員のうち、社会・共産・公明が五人、あと二一名が保守会派。その保守会派が（議長も保守会派でしたから議長含めてですが）二一対五の多数決で押し切って、市民の過半数の署名を無視するという、いわば民意とのねじれ現象が生じました。ただし、署名をどう扱うかということではもめにもめて、委員会が四回も開かれたのです。

その委員会の傍聴を私たちは求めました。最初のうちは四、五人が傍聴、二回目は二〇人ぐらいになって、三回目が四〇人。最後の委員会では、七〇～八〇人が委員会室を取り巻くようなかたちになりました。その最後の委員会に、私が署名の請願代表ということで意見陳述をすることになりました。三〇分ぐらいの時間制限だったんですが、私は一時間半ほどやった。話し終わったら、傍聴席でウワーッと拍手が起きました。そして本会議の傍聴は満席になりました。市民にもチラシや街頭宣伝で議会の様子を逐一伝えていましたから、傍聴席に詰めかけたんです。小浜には女性の読書会が三つあったのですが、その読書会の婦人たちがすごく関心を持って議会の傍聴に来てくれました。女性の口は怖いですからね。どの議員がどうしたかなんて、口コミでどんどん伝わっていきます。だから議員も、こんな小さな手の挙げ方をしていました（笑）。

そういう一部始終を市長は見ていたわけです。だから議会が圧倒的多数で否決したにもかかわらず、市長は原発誘致を断念しますと、六月議会で表明したんです。不採択にされた場合には、市議のリコールも考えました。でも、市長の決断で原発を阻止でき、「英断」と私たちは称えたのですが、有権者の過半数がいやだと言っていることを尊重しただけのことです。小浜市民は、市の行政、議会、議員というのが、本来はどうあらねばならないものか、にもかかわらず現実はどういう実態かということを、かなりここから学んだと思います。それが後々の運動にもつながっていくことになったのです。

また、当時の客観的な条件として、六〇年代末から七〇年代の初めの学生運動がありました。また京都、大阪、東京などで革新的な首長が誕生していたので、そういう全国的な政治的な動きもあったし、あるいは反公害の住民運動などもひとつのうねりとしてありました。小浜だけが、なにか特殊な事例として市民運動があったというわけではなかったのです。七〇年代、八〇年代に、全国の二十数地点で原発そのものを蹴散らした地域があるわけですから、小浜はそういう大きな流れの中の一つだったということです。

なぜ若狭に原発が集中したか

若狭が世界一の「原発銀座」になったのには、三重、四重の条件があったのではないかと思います。まず一つに、原発が建設された現地の状況があります。立地現地は、行政の貧困のために、同じ地元の中でもインフラの整備が全然できていなかった。同じ地元でありながら、そういう格差があったのです。そんな状況で、原発を受け入れれば道が良くなります、トンネルも掘ってあげます、橋も架けてあげます、などという話を持ち込まれたら、現地の人の気持として、賛成や容認の方へ動かざるをえなかったという面があったでしょう。

旧大飯町内でも、現在原発が立地している大島地域の漁村集落を、もともと一段低く見る、軽く見るという差別的な扱いがあったのです。小浜からも差別的な目が働いていました。一九八六年の大飯原発三、四号機増設反対運動のとき、私たちは毎日のように現地に足を運んだのですが、そのことを痛烈に指摘されました。「あんたたち本土の人間にはわからんだろう！」と言うのです。沖縄の人が日本の本土に言うような言葉ですよ。「あなたたちには、われわれ島もんの気持はわからんだろう」と。われわれがいかに小浜の人間から蔑まれ、小浜の商店街からも差別を受けてきたかと、積もり積もった怨念をぶちまけた漁業組合長もいました。「自分らも、あんたさんらと同じような生活をしたい。マイカーも持ちたいし、冷蔵庫やテレビもほしい。そういう普通の、あんたたちなみの生活をしたいと思う。その願いは間違ってますか」と詰め寄られ、言葉を失いました。「あなたたちを責めようとは思いません、これは行政の貧困からきていることなので、われわれが問題にしているのは、そういうあなたたちの弱みにつけ込んで土足で原発を持ち込んでくることなんです。そういう勢力に対しては反対しなければいけないと思っているんです」という話をしたのですが、地元の中で、そういった地域間の格差があったということです。

もう一つは、福井県における南北問題です。人口比からして、嶺北六五万人に対して嶺南一五万人という大きな開きがあり、経済・政治・文化のすべてにおいて北部優先となる。嶺南地方である若狭全体が冷遇されてきたということです。福井県行政がつくり出した格差が、若狭を原発を受け入れざるをえない地域にしてしまい、地元の自治体がとうとう原発に食指を動かしたわけです。原発が入ってくれば、いろいろな交付金や税金が入るから、貧困財政の中で、原発の持ってくるお金が魅力的だったということがあったのです。

都市と若狭地方全体との関係もあります。若狭の一五基、ほとんど発電していない「もんじゅ」を除くと一四基の原発の電力は、この四〇年間、すべて関西二府四県に送られてきたのです。結局、関西の大都市圏の電力需要、電力消費のために原発はつくられたということです。火力発電所はちゃんと関西の海岸部にあるわけですから、なぜそんなものを若狭に持ってくる必要があるのか。そういう大都市圏と地方の過疎地との関係もあります。

最後に、国際的な視野から見れば、福島第一の一・二・三号機、若狭の敦賀一号機はアメリカのゼネラルエレクトリック（GE）社製の原子炉で、美浜、大飯、高浜原発の初期のものは、同じくアメリカのウェスティングハウス社製です。日本の最も初期の原発である福島と若狭は、いずれもアメリカ製の原発だったということです。アメリカの大手原子力メーカーの巨大な利益のために、日本の過疎地に原発を押し付けた。私は、これは日米安全保障条約の原発版だったと思います。

国策としての戦争、国策としての原発推進

原発推進と戦争推進。この二つの国策には、さまざまな共通点があると思います。日本は、黒船と接して、欧米の経済や文化に大衝撃を受け、明治維新以後なんでもかんでも欧米を見習い、これに追いつき追いこせという路線をたどってきました。そのことによって、たしかに一面では欧米諸国の植民地にならずに済んだということがあります。それが日本の近代化の歩みの光の面だとすれば、同時に、影の面を忠実に欧米から学んでいるのです。他国を植民地支配するために侵略戦争を起こす――そうしたことまで欧米を見習って、むしろそれを増幅するようなかたちで近代化を進めていった。アジアの国々を侵略、支配し、そうした国の人々をも巻き込みながら、遮二無二《しゃにむに》戦争を進めていった。そういう負の歴史があります。

そこに私は、原発推進と戦争推進の共通性を見ざるをえない。もちろん初期に日本の原発開発につばをつけたのはアメリカの原発産業でした。しかし、やがて日本が国産原発をつくり出し、国策としてどんどん原発を推進してきた。それは、かつての戦争を進めた戦略と同じだと思います。

私には、原発現地で起きていることは、植民地支配そのものだと思えます。いわば国内植民地支配。かつてアジア諸国、太平洋の島々を植民地支配した時代は、その植民地に傀儡《かいらい》政権をつくった。日本の言うことを聞く勢力を国内につくりだし、それを通して現地を支配するやり方です。原発の場合もやはり、大飯町や高浜町や敦賀市や美浜町の中に、かつての植民地の傀儡政権に相当するものをつくりだした。地元自治体、地元商工会や建設業界、そういうお金、利益によって操ることのできる階層、勢力をいわば傀儡に仕立ててあげた。そしてそれを通して、巨大な日本の国策としての原子力システムを推進する。そういう共通性があります。

日本の国民全体が、いまだにきちんとあの戦争を総括していないのだと思います。たとえば私たち宗教者や宗教教団が、かつての国策としての戦争推進にどうして対応できなかったかを、きちんと総括しないかぎり、戦後の原発推進に対しても対応することができないと思ってきました。「原子力政策に反対する宗教者の会」で、そうした議論を重ねてきたのですが、それでも、まだ私たちの視野から欠落していた部分がありました。

たしかに戦争の末期、ほとんど終結の部分で広島、長崎に原爆が投下され、市民が大きすぎる被害を被ったことは事実です。しかし、それはあまりにも苛酷だったけれども、やはり地域に限定された苛酷さでもあった。各地の大空襲では各都市の住民がそれぞれに被害を受け、いまはその体験を教訓にしているけれども、戦争の全体像を共有してはいないと思います。「あの空襲で自分はえらい目にあった」という被害意識だけは強烈に残っていても、満州や朝鮮、それぞれの植民地に日本人が出ていき、そこが戦場になったということを感じているかどうか。国内でも赤紙で徴兵された人が二百数十万人いたけれど、国民全体からすればそれほどの数とは言えません。実際に戦場で戦争の悲惨さを体験した人は、国民の多数ではなかったわけです。

また、戦場で戦闘に参加し、ひどい目にあって、「戦争というのはとんでもないものだ」ということを体験しても、彼らが日本に引き揚げてきたときには、沈黙してしゃべらない。だから、植民地支配の実態とか、戦争の実態が共有できていないのです。戦後、写真集や記録集がたくさん出版されましたし、被害を受けた国々の報告もありますから、意識すれば、それらから学ぶことは不可能ではなかったと思います。しかし、その辺が実際に戦場となったヨーロッパとは違うところでしょう。

ヨーロッパの国は地続きで、ナチスの強烈な侵略・支配を受け、それに対抗し、レジスタンスをして、解放されているわけです。ところが日本の場合は、加害者でありながら、原爆や大空襲といった被害の悲惨さばかりが強く記憶されてしまい、加害の実態が共有できないまま、ずっと来てしまっている。原発もそっくり同じだと思うのです。

「国内植民地」という言い方をしましたが、それはローカルなところに原発問題を全部閉じ込めてしまうということです。建設のプロセスから何から、地元の自治体や議会、漁民のOKをとれば、それで全てができるというかたちです。そうすると原発問題は、押し付けられた地域だけの問題になってしまいます。恩恵を受ける側の都市部の人は、原発がどんな問題をもっているかということ自体をまるで知らないまま、おいしい部分だけを享受しているわけです。この構図、構造というのが、かつての国策として植民地を支配し、侵略戦争を遂行した国策と何から何まで似通っているという感じがします。

被曝労働者は特攻兵士

もう一つ指摘しておかねばならないのが、被曝労働者の問題です。昔は国民皆兵の体制から赤紙で兵士を徴集したのですが、平時の原発においては、放射線被曝と引き換えに、みてくれだけの高賃金を提供することによって駆り集めてきたのが、原子力関連施設で働く被曝労働者と言うことができます。原発の推進は形を変えた戦争と言いましたが、その中で誰が兵士になったかというと、それは被曝労働者なのです。彼らの存在なくして、この四〇年間、五四基もの原発を動かすことは絶対にできなかったでしょう。

福島の事故は、かつての国策としての戦争の敗戦末期と同じ状態、国策としての原発推進の末期に起きた現象であると思います。戦争末期に特攻隊を生み出したように、いま福島で従来の許容値の何倍にもなる、二五〇ミリシーベルトもの放射線を浴びるような労働に駆り出されている被曝労働者がいる。これは、まさにかつての特攻隊員と同じです。この特攻隊員だけが問題なわけではありません。実はこの四〇年間で、被曝労働者の数は四八万人近くになっているのです。この数は、二〇一一年八月末現在、被曝管理手帳を持って働いてきた人の累計です。現役で働いているのは七万数千人。二〇一一年から二〇一二年にかけては崩壊した福島原発の処理を抱えていますから、この一年間で累計八万人を突破しているのではないでしょうか。

「市民の会」をバックアップしてくれているメンバーのなかにも、いまは職場を離れた被曝労働者の方々がいます。これまでも、個人的に彼らの相談に応じたり、接触した人も何人かいます。作業中に被曝したのだから労災保険適用を受けましょうと勧めた事例もありました。放射能の混じった水を浴びて、腕を切断していた人もいます。因果関係がはっきりしているのだから、補償を求めたらどうですかと言ったのですが、「子どもたちが教員をしているし、表沙汰にしたくないんだ」と言って拒むのです。弁護士さんと一緒に枕元まで行って説得したのですが、そういうものを受ける必要はないと言っていました。見舞金程度は下請け会社から出たと思いますが、きちんとした補償金は、結局その人は受け取られずじまいでした。

一九八〇年代前半には、下請け被曝労働者の組合がつくられたのですが、ものすごい弾圧があって、ほんの数年で潰されてしまいました。だから、原発の中で働い

No.18

1981 8.1

—反原発—

わかさ通信

1部200円 年間購読料 2000円
郵便振替 金沢5619
一反原発一わかさ通信編集局
〠917 福井県小浜市鹿島40
小浜郵便局私書箱4号
でんわ 07705—3—1182
—2—0532

原発の中から決起！

原発下請労働者と周辺住民は連帯を！

県民有権者55万人中11万人に及んだ〃敦賀1号の永久停止、敦賀2号・高速増殖炉の建設反対〃の請願署名運動に呼応するかのように、7月1日、敦賀原発の下請労働者たちはついに公然と決起しました。

敦賀市内に事務所をおく「全日本運輸一般労働組合原子力発電所分会」の結成が、それです。

その「原発ニュース」の創刊号にかかげられた、下請労働者たちの要求項目は、以下の通り。

いまこそ、原発の内と外で、連帯しながら自衛のたたかいを進めなければなりません。

原発ささえる下請労働者

19項目の要求

非人間的扱いにストップを！

※一方的な契約解除通告に反対！作業補償と再雇用を保証せよ
※中間企業の違法なピンハネをやめさせ、全国統一した公正な賃金単価基準を確立せよ
※高線量区域の危険作業をさせるな。やむをえない場合については危険手当を支給せよ
※夏季・年末の一時金（ボーナス）を支給せよ
※労働基準法をはじめとする諸法律を遵守せよ
※チェックポイントでのポケット線量計のカード記入は、エンピツでなくボールペン記入を義務づけよ
※作業の各種の被曝線量記録を改ざんするな
※事故かくしなどの違法工事には従事させるな
※炉心の探傷検査や復水器内作業、給水加熱器など高線量区域での作業は、原子炉の運転をとめてからにせよ
※ポケット線量計、フィルムバッチ、TCL線量計などの被曝線量計などの被曝データを法令（電離放射線障害防止規則）どおり、労働者自身がいつでも知りうるよう公開せよ
※科学的で適正な健康診断を企業指定病院でなく、公立の病院でも受けられるようにすること、その際の費用の一切は、企業負担すること。
※被曝による発病の場合は、「電離放射線労働災害保証制度」ならびに「原子力損害賠償法」の適用がうけられるよう、企業は正確なデータを提供せよ
※下請労働者の雇用保険、労災保険、健康保険加入を企業に義務づけよ
※「法定許容線量」の日本の現行基準を十分の一に下げよ

※自主、民主、公開の原則に立ち、一切の秘密主義をやめ、定険や事故の際の下請労働者への厳しい口どめ、禁足令、監視、政府調査官などへのウソの強要などをやめさせよ
※高線量作業などで短時間で作業が終了した場合には、残る時間をムダに拘束せず、勤務を解除すること
※発電所社員、元請け社員と我々下請労働者との各種の差別待遇を改めよ
※発電所の技術責任者、放射能管理者、元請け企業の技術・放管責任者は、現場作業に立ち合うこと
※放射線管理手帳を、本人が所持し、記入の際には、本人に確認させること

連絡先 全日本運輸労働組合原子力発電所分会
福井県敦賀市平和町14番20号 ☎ 07702(5)8455

19 項目の要求を掲載した「わかさ通信」

ている労働者たちの労働条件や身分が改善されたとは思えません。今度の福島の後始末にあたっている人たちの状況も、実際のことはまるでわからない、見えてこないのが現実です。その労働組合ができた当時、十九項目の要求というのがありました。これは「市民の会」の機関紙でも紙面に発表したのですが、現在は改善されたものも中にはあるとは思います。たとえば、「鉛筆で被曝線量を記入するな」とか。そんなひどい環境だったのです。簡単に改ざんできてしまう。最近は、もちろんコンピュータ記録になってきています。それから、昔はひどい高線量の場所でも人間が入って作業せざるをえなかったのですが、現在はロボットが担当しているような区域もあるようです。しかし、基本的には、やはり生身の人間が原発の安全を保守しなければならない。その基本は変わっていません。

今後の問題として、社会の流れが脱原発に向かい、平和裡に原発を止めていく場合、廃炉・解体という作業が始まります。そうした労働の条件として、被曝線量をできうる限り抑えることが絶対に必要です。安全管理を何倍も厳重にし、時間をかけて後始末、後処理作業をしていくこと。そうしなければ、とても不可能な労働だと思います。

新たなるヒバクシャ差別

軍事的な核兵器の被害者である被爆者の状態と、原発が生み出した新たな被曝者の状態は、そっくり同じプロセスたどっているように見えます。社会的な差別や偏見を恐れ、自分が被曝者であることを隠し、肩身の狭い思いをしながら生きていかなければいけない、そういう原爆被爆者がさんざん苦しみぬいてきた問題を、新たな原発被曝者が、そのあとをなぞろうとしているような現状です。私は一九九九年のＪＣＯ臨界事故が起こる前から、原発の中で働いてる労働者の安全問題に無関心でいることは、やがて外にいるわれわれ一般住民、周辺地域の住民にまで被曝問題が生じることにつながりますよと言って警告してきたのですが、いまやそれが現実のことになってしまいました。

最近、学術的にも明らかにされつつあるのでしょうが、放射線は遺伝子レベルでいのちに被害を与える。原爆被爆者の場合も、私は彼らとの交流を通じて、いやというほど認識させられてきました。極端な場合は、妊娠できなくなることもあるのです。生殖機能そのものが破壊され、繁殖することができなくなる。子どもが生まれない、死産、流産してしまうということも、多くありました。私には、それがなぜかというのはわからなかったけれど、原発の被曝労働者の胎児にも、成長に異常があることを間接的に聞きました。普通の仕事をしている父親の場合と、被曝労働者が父親の場合とで比べると、同じ五カ月の胎児でも半分ほどしか成長していないというのです。そうであるならば、たしかに死産、流産になってしまうでしょう。また、仮に無事に生まれたとしても、非常に病弱だったり、障害を負って生まれてくる場合が、普通よりずっと多いということを、被爆二世の人たちの事例が物語っています。

だから、生まれてくるまでの、まわりの人たちの心配は並大抵でなかった。ついこの間も、岡山で原爆被爆者の体験談を聞きました。子どもが生まれた病院へ夫が駆けつけてきて、奥さんに声をかける間もなく、まっ先に赤ちゃんところへ行った。そして夫は、子どもの両手の指と両足の指を調べて、ああよかったと言って、それから初めて奥さんのところへ行き、「ご苦労だったね、ありがとう」と挨拶したという。そんな体験談を聞きました。自分一代だけの心身の苦痛、苦悩が問題なのではなく、被爆者にとっては、常に子どもや孫への遺伝的な影響が心配なのだと、あらためて認識させられました。そういう苦悩を、これからまた被曝労働者やその家族、子どもたち、さらには福島の被災者たちが、たどらなければならないのかと思うと、本当に暗然としてしまいます。

同時に、死の灰の塊である使用済み燃料、放射性廃棄物は、百万年のスパンで管理し続けなければいけない。先日、ドイツの国会議員と話をしたのですが、彼女は、たった四〇～五〇年の便利で豊かな生活のために、われわれの世代が後の二万世代にわたって使用済み燃料の管理を委ねる権利がありますか、と問いかけをしていました。ドイツがいち早く福島の事態を受けて、脱原発への決意を固めた大きな理由のひとつにそれがあったと言われています。

ストレステストなど話にならない

大飯原発三号、四号機の再稼働が、原発再稼動の先陣を切って大きな話題になっています。なんとしてもこれを防いでいかなければなりません。若狭に第二の福島原発事故を引き起こさせてはいけない。なんとしてもストップさせたいというのが私たちが当面取り組んでいることです。

再稼働の動きを見ていると、事態がものすごく矮小化されてきていると感じます。ストレステストをクリアすれば、あとは原子力安全保安院、安全委員会がチェックをし、ＩＡＥＡのお墨付きと地元の同意を得て、四閣僚が政治的に決断すれば原発を再び動かせるという進め方になってしまっている。いつのまにやら、これらのことさえクリアすれば、また原発を再開してもいいんだという局面に、どんどん矮小化している。福島の破局的な事態のあと、今度こそ根本的に原発というものの危険性を、徹底的に検討しなければならないはずなのに。

先日、地元で集まりを開いて話しあったのですが、テストをクリアしたとしても、運転再開を私たちは認めない。少なくとも、そんなストレステストだけではなく、もっといくつもの課題をクリアしないかぎり、再稼動を話題にすることさえできないというのが、私たち地元住民としての気持です。「原子力規制庁」が二〇一二年四月から発足すると政府自らが言っているのですから、そこに再稼動の総合的な審査も委ねるべきです。福島の事故以来、国民の信頼、原発立地地域の信頼を失墜してしまっている原子力安全保安院や安全委員会が、お手盛りでチェックをしているのではお話にならない。

もう一つは安全協定の問題。地元の同意を再稼働の条件の一つに入れていますが、現行のままでは、おおい町と福井県がＯＫを出せば、大飯三号機は運転を再開できる。現行の安全協定ではそうなるのです。でも、少なくとも実質上の地元住民である小浜市民が、隣接地域だからといって相変わらず排除されているような状況を許しておくわけにはいかない。大飯原発から一〇キロ圏内の住民分布では、小浜市民が七〇％も居住しており、二〇キロでほぼ全域が入るのです。第一、国自体が三〇キロ圏内という緊急時防災の対象地域（ＥＰＺ）を設定していて、大飯原発に関しても京都北部や滋賀北部の地方自治体が、その三〇キロ圏内に入ってしまう。福井県知事だけではなく、少なくとも滋賀県知事や京都府知事の同意、判断が絶対に必要と思います。

さらには防災計画の問題です。防潮堤をつくる、避難道路をつくると言っていますが、もしも原発を再び動かしたとしたら、翌日にでも大事故が起こる可能性はある。当然それらの整備がきちんとできていなければ、運転の最低条件さえクリアしていないことになります。そうした点を曖昧にして、再稼動を先行させることなどは論外でしょう。認める条件においても、諸々の問題点があります。そういうものを無視して、ごり押しで再開したりすれば、それこそ若狭で第二のフクシマが起こりかねないと思います。

若狭を襲った災害の歴史を踏まえよ

大飯原発固有の問題としては、地震の問題があります。ストレステストでは二つの活断層が連動した場合だけで安全評価をしていますが、石橋克彦さんをはじめとする地震学者たちは、それだけでは不十分であり、三つの活断層が連動した場合を考えなければいけないと言われています。石橋さんは、若狭でこれまで大きな地震が起こらなかったのは、単なる幸運に過ぎない。地震の空白域である若狭湾は、むしろ危険地域で、エネルギーがたまってきている中、万一地震が起きれば巨大地震になりかねないと指摘されているのです。

大飯原発と高浜原発については地質調査さえ行われていません。美浜と敦賀は、いま九地点を調査していて、まだ中間報告の段階ですが、結局、大飯と高浜については、調査することを避けているのではないかと思います。

高浜に関しては、隣の舞鶴市の沖に浮かぶ冠島という小さな島があるのですが、もとは大きな山だったのが、奈良時代の大宝年間に起こった大地震で沈んでしまい、山のてっぺんの残った部分を「冠島」と言うのです。宮津湾に突き出している半島の海岸部から五〇〇メートルぐらいのところには、真名井神社という神社があり、そこまで津波が来たという伝承があります。その証拠に、「波堰地蔵《なみせき》」という名前のお地蔵様が、標高三〇～四〇メートルくらいの場所に立っています。今から一三〇〇年以上前に、そういう地震が起きていたことを示しています。

小浜に関しても、天正年間、一五八〇年代に大地震・津波があったと、「イエズス会」の書翰に記されています。

「……その土地全体が人々の大きな恐怖と恐懼のうちに数日間振動したのち、海が荒れて、遠くから甚だ高い山とも思われるほどの大波が怒り狂って襲来し、恐ろしい轟音を立てて町に襲いかかった。そして、殆どすべてを破壊して荒廃させてしまった。そして、潮の引き際に、大量の家屋と男女を運んでいってしまい、……それら「すべて」を海に呑み込んでしまった。」

（『大日本史料　第十一篇之二十三』「イエズス会日本書翰集」より）

一六六二年には、寛文の大地震がありました。これは敦賀、美浜原発のすぐ隣の三方五湖が二・五メートルも隆起して、湖から日本海に流れ出していた水が堰《せ》き止められ、湖のたもとの十一の集落が水没してしまったという大災害でした。当時は小浜藩でしたから、藩主・酒井家の殿様が家臣を派遣して、再び日本海に水が流れ出すよう一大開削をしました。それによって再び水が流れるようになったけれど、跡はもう泥田になってしまった。そこで、災い転じて福となして新田を開発した。そうして被災地域を復興させ、新たに二つの集落ができたのです。

地震や津波だけの被害ならば、どんなに苛酷な被害であっても、復興は不可能ではない。しかし、福島原発事故のように放射能に汚染されてしまった場合は、ゼロからの出発すらが不可能になってしまいます。近代に入ってからも、昭和初期の北丹後大地震、戦後の福井大地震がありました。若狭の周辺で、そういう大きな地震がたびたび起こっており、絶対に大地震は起こりえないなんていうことはありえない。想定外でしたという言い訳は、もう許されないのですから、当然想定しておかなければいけない状況であると思います。

二〇一二年二月二〇日、高浜原発三号機が定期検査のために停止しました。これ

2012年2月20日、高浜3号機の停止を受け記者会見を行う。

で関西電力の原子力発電所は全てストップしたことになります。

そして、四月には国内五四機の原発すべてが停止します。半世紀におよぶ原発開発・運転史上初めての事態です。

あの三・一一の悲劇からおよそ一年、わたしたちはこれから〈原発ゼロ〉の社会実験に取り組むべきだと思います。「原発なしでは電力不足」の真偽を、まさに検証するために。

III

絶望のなかに希望をもとめて

原子炉実験所助教の仕事

――（編集部）今月は原子炉実験所の当番ということですが、具体的にはどんな仕事をなさるのですか。

小出　京都大学原子炉実験所というこの組織は、京都大学の一部ですけれども、工学部とか理学部、文学部というような学部とは違って、学生はいないんです。そのかわり原子炉のお守りをしろよ、というのがわたしたちの仕事です。所員は二〇〇人ほどいて、事務の人や水道・ガス・電気なんかを管轄してくれる方もいる。そして、原子炉そのものをお守りする人もいるし、放射線管理をする人もいるし、放射性廃物のお守りをする人もいる。いろんな仕事があります。わたしはそのうちの放射性廃物のお守りをするという部署にいます。実際に日々実働するのは、いわゆる技術職員の人たちですけれど、わたしがいる部署には、教授も含めて教員が四人いるんです。その教員が技術職員の人たちがする仕事を見ながら責任を持つのですが、四人いるから四カ月に一度、交替で当番が回ってくるんです。わたしは今月が当番で、技術職員の人たちと一緒に放射性廃物のお守りをしなければならない。だから現場にずっと張り付いています。

——放射性廃物のお守りですか？

小出　実験所中にいろいろなゴミが出てきますよね。たとえば、ビーカーが放射能に汚れたとか、手袋が汚れたとか。そういうゴミもあるし、このテーブルにある水だって実は放射能で汚れた水だということもあるわけです。もちろんそれをそのまま環境に捨てられない。そういう放射能のゴミを表に出ないようにするというのが基本的な仕事です。

中嶌　実験原子炉の炉内から出たものも、もちろんある。

小出　ほとんどのものは炉内から出てくるんですけれども、使用済み燃料そのものは違うんです。なぜかというと、ここの原子炉の燃料は九三％濃縮ウランで、原爆の材料そのものなのです。もともと米国でつくられた原子炉だし、米国に提供された燃料なんですけれども、原子炉を動かして燃えなくなった後でも、ウランの濃縮度は七〇%ぐらいあります。でもそれは原爆の材料になるので、米国としては、そんなものを日本に置いておけない。だから、原子炉で燃え尽きたら返せという約束になっていて、みんな米国に返すのです。

中嶌　使用済み燃料だけはアメリカに返すんですか。

小出裕章……………………………

小出　そうです。ですから、うちはそれに対する手当をしなくていいし、ただひたすら返すのです。

中嶌　いやあ、でもまさに核兵器の材料を使ってるわけですね。つい最近知ったんですが、京大原子炉実験所のオフサイトセンターが非常に近くにあって、いざというときものの役に立たないとか。福島第一原発のように。

小出　はい。あの正門のすぐ左側にあります。それじゃあ何かあったら逃げちゃいますよね（笑）。でも、うちの原子炉は出力だけを比べても発電炉の何百分の一ですし、運転時間がほとんどありません。発電炉はずっと動きっぱなしですが、うちの原子炉は実験のためだけですから、土日は止まっている、月曜は止まっている、金曜は止まる、夏休み、冬休みは止まるというわけで、ほとんど動きません。ですから事故の危険は発電炉に比べれば何千分の一、あるいは万分の一という程度しかないと思います。

中嶌哲演……………………………

――学生に講義をするような仕事もあるのですか。

小出　わたしは、採用されたときは「助手」という身分です。つまり教授、助教授、助手というランクがあって、助手は学生に講義をしてはいけない、そういう身分でした。ですから、わたしは京都大学の中で学生に講義をするという機会がない職務だったのです。ただ、二〇〇七年に教員の呼び方が変わって、教授、准教授、助教ということになりました。助手から「助教」という呼び方に変わったのです。

中嶌　実質は助手と変わらないということですか

小出　そうです。でもちょっとした立場の変更があって、助教は講義を持っていいことになった。それはなぜかというと、教授と助教授がもう講義が大変なので、助手も使おうと思ってそうしたんだとわたしは思うんです。講義を持つということにはなったんですが、わたしの所属してる原子炉実験所にはもともと学生がいない。教授は工学部や理学部との兼任になっていて、それぞれの学部で講義を持っているんです。だけど、もともとそんなにコマ数も多くないし、小出なんかにやらせることはないということで、わたしには講義も回ってこないし、わたしもやりたいと思わないのでやりません。

ただ他の大学から呼ばれることはあります。最初に大阪市立大学に呼ばれてからは大阪大学に呼ばれたり、立命館大学に呼ばれたり、あちこち呼ばれます。それは今でもあります。むこうの大学がわたしをと呼ぶからわたしが行くと、そういうかたちです。

――やはり原子力の問題点を講義されるのですね。

小出　直接、原子力のことを言うときもあるし、エネルギー問題の話をするときもあります。公害問題で話すこともあります。でも、事故の後はそんな余裕もありません。

第二、第三のフクシマが起きかねない……………………

中嶌　これから原発をどうするかという問題の一歩手前のところで、わたしがものすごく心配しているのは、今度の福島の原発事故がそれだけで終わらずに、第二、第三のフクシマが連発しかねないいんじゃないんかということなんです。それを未然に防ぐよう、本当になんとかしないと、というのがすごく気がかりなんですね。地震学者の石橋克彦氏が名古屋で一二月に講演されるんですけれど、そのタイトルが「若狭原発震災の前夜と私たち」、サブタイトルが「停まっている浜岡原発よりも怖い」。

小出　その通りですね。

中嶌　わたしたちは石橋さんに二〇〇八年に小浜に講演に来てもらってまして、石橋さんの危機感の深さというのは骨身に染みているんです。わたし自身も若狭湾の地震の歴史ですとか、近代に入ってからの若狭湾とその周辺部分での大地震の状況なんかを多少は調べたりもしたものですから、専門家の石橋さんがおっしゃるんならますます薄気味悪いなあと思って心配なんです。もちろん若狭湾とは限りません。青森県の六ヶ所村とか佐賀の玄海原発、愛媛の伊方原発、どこで大地震、大事故が起こるかわかったものじゃないですけれど、原発震災が連発した場合は、ほんとうに目もあてられない。

小出　ですから、今すぐ、全ての原子力発電所を止めることです。

中嶌　かつての戦争の終結に向かっていくプロセスと、今回の破局的な福島の大事故が、わたしには重なり合って見えると言いました。広島の次に長崎に原爆が落とされたように、第二の原発事故が連発しないと、原子力を推進する人たちは目が覚めないのかと思ってしまう。あの戦争のときと同じように、やはり推進当事者はいまだ懲《こ》りていないし、あわよくば盛り返そうとしている。かつて八月一五日の敗戦の日に、日本国民が総懺悔《ざんげ》しましたが、それと同様のプロセスでの総懺悔――今度もそれしかないのか、それを待ってるんだろうかと。そういうことも重ね合わせて、ちょっとわたしにはまだ、今後どうしていくかということすら明確には思い浮かばない。それよりも不安の方が大きくて、第二の福島をまず食い止めないといけないのじゃないかと感じているのですね。

――若狭の歴史的な大地震を、関西電力が隠していたことも発覚しました。

中嶌　いくら隠したって、巨大地震は止められませんよ。これからまだ少なくとも数十年にわたって大地大動乱の時代が続くと石橋克彦さんは言われています。地震のサイクルとしては、ちょうど日本で原発がつくられてきた時期が、地震の静穏期だったそうです。それに対応した耐震設計しかしていませんから、現行の原発がこれから起こってくる巨大地震時代に対応できるのかどうか、はなはだ心もとない。地震は避けられないとすれば、じゃあ少なくとも、今動いている原発をどうすべきなのかを考えなければいけない。やはり科学技術のレベルで、今後どういう手当をしていくのかということがあります。それは至難の業であっても、考えてもらわないと困ります。破壊された福島の原子炉、老朽化著しい他の原発をどうやってケアしていくのか、今後のアフターケアに道筋をつけていかねばなりません。それから、もちろん社会的、政治的なレベルでも。社会システムや経済的な側面を含めて、福島の事故以後どうしていかなければいけないかというのが当然問われてくると思います。

小出　科学技術に責任があるというのは、そのとおりです。ここまで原子力に関しては、科学技術に頼ってたくさんの原発をつくってきてしまったわけですけれど、でも、その科学技術は、原子力が生み出すゴミを消す力がないまま、ここまできたんですね。だから科学技術でなんとかしろと言われれば、もちろんそうだ、そうしたいとわたしは思います。でも、科学技術で放射能のゴミを消すのは、とてつもなく難しいことだと思います。だからわたしは責任は痛感するけれども、科学技術がなんでもできるというふうには思わないでほしい。むしろ、その科学技術が人類を平和にする、豊かにすると思ったのが大きな間違いだったことに気がつかなければいけない。科学技術がやったことは、地下資源を収奪したという、ただそれだけのことでしかなかったと言いましたが、そんなことではもうだめだと、今までのような科学技術で人類の未来を切り拓く、そういう考え方から離れてほしい。

「少欲知足」というライフスタイルへの転換……………………

中嶌　わたしも小出さんも、そこらへんはよく似ているんですが、我々一人ひとりがどういう生き方をしていくのか、どんなライフスタイルを選んでいくかというのが大事です。これは煎じ詰めれば哲学・思想の問題になっていくんですが、小出さんは単刀直入に仏教の精神を言ってくれていますね。「少欲知足」。自発的に少欲の道をこころがけていくことに、他者と共に生きる道がある。他者の中には、個々の人間や地域社会や世界の国々も含まれますし、仏教の場合の他者は、人間、人類だけじゃなくて、その人類を育んでくれている地水火風の自然環境そのものでもあります。そのなかの生きとし生けるものと、できるだけ調和して生きていくということのなかに、本当の意味での人間の幸福なり、真実の満足が得られていくという考え方が、その「少欲知足」の中にあると思っています。仮に人類を生きのびさせたいとするならば、少欲知足しかない。地球環境全体を守っていく、子孫を残していくためには、もうそれしかないんじゃないかということを表明していただいた小出さんには、本当にありがたい、感謝の気持でいっぱいなんですね。

少欲知足というのは、仏教の根本的なライフスタイルの表現なんです。それが出てくる根源のところに、仏教の根本的な考えがあります。価値観と言ってもいい。でも、これもまた、「仏教ではこう言ってるんだから、こうなんだよ」と押し付けることはできません。それを自ら学んでもらったうえで、「ああ、それはいいね」となって、自発的に選ばれていくのだといいんです。

小出　そういう哲学を取り戻すということが、一番大切だと思います。

中嶌　二五〇〇年来言われてきたはずなんだけれども、坊主自らそのお釈迦さんの根本精神を、結局裏切り続けて、むしろ欲望を拡大してきた歴史だったかも知れないですね。本当にお釈迦さんの精神が実行されていれば、今のようにはならなかったんでしょうけれど。さっき小出さんは、科学技術にあまり過大、過剰な期待をしても仕方ないとおっしゃいましたね。それは宗教にも言えることでして、昔はお釈迦さんの教えや、各宗派の言うことには大きな存在感があったけれど、今、それに皆さんが従うのかというと、どうでしょうか。たしかにかつての宗教は今の科学技術のような地位にいたんでしょうが、現在は完全に逆転していますからね。宗教への信仰は転落してしまったんですが、それと入れかわりに「科学技術信仰」が生まれたんではないでしょうか。本当の意味での科学技術ならいいんですけど。信仰に近いような科学技術になっちゃった。

小出　原子力なんて、ほんと信仰です。まして「安全神話」なんて。

中嶌　安全神話信仰ですね。だから個々の主体性とか自立性、自発性、それから個性、それぞれが大事なんです。皆がひと色に染め上げられるのは、社会的にも、精神的な問題でも絶対によろしくないと思うんです。今こういった危機的な状況に対して、すごく多彩な提言も出てきてるし、多彩なアプローチの仕方もあると思うんですが、もっともっと多彩であるべきだと思います。

――被災された方だって、一人ひとり違う事情を抱えて生きているのですものね。

中嶌　それぞれの分野が、それぞれの影響のされ方をすると思うんですよ。漁民と商店主と農民、それぞれが原発から受ける脅威は、放射線被曝、放射能汚染という共通性はあるけれども、影響のされ方はそれぞれの分野によって違うわけでしょう。だから皆それぞれ違った立場や思いのもとで生活をしているわけで、その差異、個別的な差を無視することは絶対にできないし、してはいけない。にもかかわらず、今度の福島の事態で、全ての分野が総なめにされた。同じ生活基盤を、あるいは生きていく上での根本的なことを奪われてしまった。その部分は共通しています。だから共通しているその部分でなんとか合流して、最大公約数の課題に対して皆が力を合わせ、せめてなにか変化をもたらせないか、その願いはあるんです。

見えてきた小さな変化

——放射性物質が外に出てしまって起きる被害というのは、あまねくすべての分野にわたる、それゆえすべての人にとって、自分自身の問題になるはずですね。とくに小さな子どもをもつ母親は、敏感に危険を察知して、不安の声をあげる人が多いようです。哲演さんも、これまでとはちょっと違う年代の人たちが講演を聴きに来ている、女性が多いとおっしゃっていました。

小出　もちろんそういった変化はあります。でもそれはチェルノブイリの事故のあともそうでした。だから必ずしも初めて遭遇したことではありません。でも、今回新しく感じていることもあります。一九八六年四月にチェルノブイリの事故が起きました。その年の秋にオーストリアのウィーンで、「アンチ・アトミック・インターナショナル」という国際会議があって、それに高木仁三郎さんと二人で行ったのですが、その会議に合わせてオーストリアの人たちがウィーンでデモをやったんです。ウィーンという町は、真ん中にホーフブルク宮殿があって、あちこちから鉄道がウィーンに集まってきて、西の方から来るのは西駅に停まるし、北の方から来るのは北駅に停まるというふうになっています。

中嶌　放射線状に集まってくる。

小出　はい。市の周辺部に中心的な大きな駅がいくつもあるんですね。その大きな駅からそれぞれデモ隊が出発して、ホーフブルク宮殿に集まるという、そんなデモがあったんです。わたしもデモに行ってきました。北駅という駅に行ってデモに参加しようと思ったんですが、少し早く行ったら誰もいないんです、その集合場所に。主催者らしい人がポツンといるので、本当にここでいいのかって聞いたら、いいと言うんです。そうしたら、ちゃんと時間になると、どこからともなく人が来て、どんどん集まってきました。デモが始まると、歩いているうちにあっちこっちから集まってくる。それまでわたしが経験したデモというのは、どこかの労働組合などが呼びかけて、みんな同じゼッケンをして旗を持って、場合によっては腕を組んだりという、そんなデモしかイメージとしてなかったけれど、そうじゃなくてみんなが勝手に集まってくる。中には、サンドイッチマンのように「原発は止めなきゃいけない」って書いてある看板をからだの前後にぶら下げたおじいさんがいたり、別の人は自分でつくったビラを配って歩くし、ベビーカーを押しながら夫婦で歩いている、そんなデモだったんです。わあ、こういう人たちがいる国なんだなと。オーストリアという国はもちろんヨーロッパの国の一つだし、一時期原子力に夢を託した時代があったんです。原発もウィーン郊外のツベンテンドルフというところにつくって、完成させたんです。

中嶌　でも、結局稼動しなかったんですね。

小出　そうです。これを動かしてしまうと、放射能をつくることになる。こんなものを動かすのはやっぱりいけないということで、一九七八年に国民投票をして、完成していた原発を潰したんです。

デモの話を続けますと、ああ、そうなんだ、こういう人たちがいれば原子力から足を洗うことができるんだと、わたしはそのとき思ったんです。日本でこんなデモができる日が来るのかなあ、もし来れば日本の原子力は終わるかもしれないと。だから、今回、ひょっとしたらと思わないでもないです。東京で九月一九日に原発に反対する五万人のデモがありました。あれだって、どこかの労働組合もいたのでしょうが、それだけではない予期できないような人たちが次々と集まってきたということがあるわけです。

中嶌　あるいは高円寺や新宿で行われた若者のサウンド・デモとかね。

小出　そうした動きが始まりましたね。インターネットというメディアをふまえて、勝手に人が集まってきてしまう。そういう動きというのは、ひょっとしたら希望かもしれない。

中嶌　小出さんは、インターネットやらパソコンは大丈夫でしょうけれど、わたしはだめなんですよ（笑）。そこらへんのツールを駆使した運動というのが、全然わからんのですが、だからこそ展望はひょっとしてあるかもしれませんね。

小出　いえ、わたしも全然やってない。インターネットなんて時代から取り残されてしまってほとんどできないんです。

中嶌　え、小出さんもですか。そんなことはないと思うけど。

小出　ツイッターだとかブログだとか、いろいろあるらしいですけど、わたしは何ひとつできないんですよ。

――小出さんの発言は、ツイッターにものすごくいっぱい出てますよ。

小出　出てるらしいんですけど、わたし、それをどうすればいいのか知らないし……（笑）

――それはともかくとしまして（笑）、そういう自然発生的・自発的なデモが日本でも現れてきた。

小出　そうです。少なくともわたしがウィーンで見たのはそうだったし、今回日本で起きているデモも、ひょっとすると、という期待があります。ただ、これまでもずっと向こう側の巨大な力が勝ってきたわけですから、今回もわたしは大変不安です。

原発現地をどうするか

――今度は、やはり原発がなければこの生活も保てないし、経済もうまくいかない。完全になくすなんてことは、現実的には無理なんだという「神話」が、どんどん広まっていくかも知れないということですか。

中嶌 そう。いわば「必要神話」ですね。

小出 でも、たかが電気、それが何なんだと思います。そう思えるかどうかだけです。今日だって夜になれば、ムダに電気を使うようなことなど何もしなければいいわけだし、どうして、たかが電気のためにわたしたちの日常を、安心した生活を奪われなくてはいけないのか。それればかりか、この日本は他の国の人の生活まで奪おうとしている。またもや原発輸出なんて言っています。本当にいいかげんにしろと思います。

――原発現地の経済基盤は原発に寄りかかっている、だから今すぐやめるとその地域の経済はどうするんだ、という話も出てきます。

中嶌　それはそういう話になりますね。小浜の場合、原発誘致を食い止めたのは、広汎な市民団体が、小浜には原発はいらないと最大公約数で大同団結したからです。その市民運動のひとつ前の段階では、地元の漁民たちが、道路やトンネルとか、お金なんかと引き換えに原発などつくらせないと言って、独自の動きで現地の道路整備まで成し遂げた。にもかかわらず、しつこくしつこく小浜に原発をつくらせてくれという話を持ち込んできて、ついに漁民のリーダーも困り果て、「土俵際まできている」という弱音を吐かれました。これはこのままほおっておくと危ないということで、市民の会がつくられたんですよ。

――きわどいところだったわけですね。

中嶌　金の麻薬漬けにあってしまっているから、もう地元の自治体や地域、とくに利害関係のある人たちは禁断症状を呈してるんですね。麻薬患者が更生していくためには、自らがすごい苦痛を強いられます。地域が原発マネーから更生するのにも相応の苦痛が伴いますけれども、一方ではやはりきちんとした治療も必要だと思います。これも石橋克彦さんがヒントをくださったのですが、石炭から石油にエネルギーの主役が交代していくときに、国が臨時措置法をつくっているんです。いままで石炭で潤っていた地域が閉山していくかわりに、しかるべく手当てをしますよという法律をつくったわけです。これはこれでいろいろと問題があって、決して一〇〇％いいモデルにはなりえませんけれど、でも一面の真理はあるんですね。こういう手当てをすれば、何も好き好んで危険な原発を存続させようとか、まして新たな原発をつくろうなんて、いくら麻薬患者とはいえ、そういう気にならんと思います。

――いくら原発を停止しても、明日から消えてなくなるわけではない。解体しなければいけないし、廃炉にしなければいけないということで、何十年スパンでやはり地域に仕事が生まれる。その間に、別のエネルギーに転換する事業を興していくというやり方もある、と新聞のインタビューで答えていらっしゃいましたね。推進側が言いつのるいろいろな不安に対して、そんなものはこうすれば解決できる、ということを提示していくのは大切ですね。

中嶌　そういうことを、地元は地元で考えていかなければいけないと思ってるんです。問題は都市部のみなさんが原発に、つまりは若狭や福島にこれまで四〇年間も依存してきている中で、どう発想を切り替えて、地元と一緒になって、もう原発やめましょうよという世論に持っていけるのか。都市部のみなさんがそうなってくれるかどうか、そこが問われていると思うんです。原発のおいしい部分はさんざん享受してきたけれども、じゃあその後どうするんだというところで、もうちょっと都会のみなさんも知恵を絞ってくれないと。現地だけでは、麻薬患者ですから、どうしたってなかなか積極的に止めろというところには行かないんですね。ことここに至ってもですよ。

――現地は「ミニ原子力村」だとおっしゃっていました。

中嶌　原発現地こそ、原子力村なんですよね。現地の原子力村の方が、ずっと赤裸々で、本質が濃縮されていると思う。福島の事態が起こってすら、いやもっと動かしてくださいとか、新増設、リプレース（再設置）してくださいとか、さすがに国レベルの原子力村の住民も、今の時期では遠慮せざるをえないようなことを、地元のミニ原子力村の人たちは赤裸々に本音を言いますよ。もっとつくってくれ、動かしてくれ、そのかわり金よこせとね。そういう状況ですから、現地は現地で、そういう人たちに対してどうしていけばいいのかを真剣に考えていかなければいかんのです。根本的には、このこともまた、一人ひとりの意識や価値観が変わっていくしかないんですが。でも、それを百年河清を待つようなかたちでやっていると、がーんと第二、第三のフクシマが起こってしまったら、もう目も当てられない。不安です。

ばらまいた毒物が「無主物」とは…………………

——不安ということばが先ほどから何度か出てきていますが、一番強く感じている不安とはなんでしょう。

小出　だって、わたしはずっと負けてきて……、連戦連敗ですから（笑）。

中嶌　いや、でも小浜の中間貯蔵施設問題では、小出さんにずいぶん貢献していただいたんですよ。あれでみんな本気になりましたからね、あの二回の講演会で。

小出　でも、わたしなんか別にたいしたこと言ってないですよ。

中嶌　単純明快に言ってくださるからいいんです。

小出　自分が生み出したゴミは自分でお守りしろよと言っただけです。都会が、電気が必要でつくったゴミは、都会で面倒をみなさい、そんなものは他人に押し付けるものではない、と。

中嶌　そんなあたりまえのことが、なんでみんなの共通の考えにならないかというのが、核心なんですけどね。

小出　わたしは完璧な無宗教論者ですから、仏教も信じてないし、キリスト教も信じていません。でも、どんな宗教を持とうと持つまいと、わたしが生きていることに関してはわたしが責任をとる、自己責任を果たすのはあたりまえのことだと思っています。自分が享楽的な生活をしたいというなら、つくったゴミの面倒ぐらいみろと、ただそれだけのことだと思うんです。それがそういかないんですね、不思議なことに。

中嶌　お釈迦さんが説かれていることというのは、単純明快なことばかりなんです。それが実行されれば、今日明日にでも理想的な世の中になるはずなんですが。

小出　単なる自己責任を果たすだけのことでしょう。東京電力が放射能をつくったら、放射能に関しては東京電力は責任をとるということだと思うし、いま環境を汚染しているものは、東京電力のものです。東京電力の福島第一原子力発電所の原子炉の中に、東京電力の所有物であるウランを入れて、それを燃やしてできたものが放射性物質で、東京電力のれっきとした所有物です。それを東京電力が勝手にばらまいた。そしてあちこち汚染をした。それを東京電力は、「無主物」だと言うんだそうです。民法にそういう法律用語があるんだそうですが、だから自分たちは知らないと言い出したと聞いて、これはいったいどういう人たちなんだと、わたしはびっくり仰天しました。

――もう東京電力の所有物じゃないと言い出したのですね。

小出　そう。福島県内のゴルフ場に放射能が降ってきて、もう運営できなくなってしまった。だから東京電力に除染をしてくれと訴えた。そうしたら東京電力は、それはもうその土地に固着しているものであって、「無主物」だと言ったという。もうびっくり仰天です。

中嶌　電車の忘れ物が無主物というのは、わからなくはないけれども（笑）。それも、もともと所有してた人がわかっているわけですからね。

小出　それも単なる物じゃない、毒物ですよ。それをばらまいておいて、自分たちは知らないって、こんなことを言う企業があるんだろうかと恥ずかしく思いました。それが日本のトップ企業の一つです。

中嶌　ただね、大企業とか電力会社の企業の性格は、鵺《ぬえ》のようなものだなとわたしは思ってましてね。大阪市長に橋下徹氏がなったけれども、関西電力の筆頭株主は大阪市なんですよ。だから、大阪市民がいわば関西電力の株主でもあるんです。一般市民と電力会社は無縁ではないということですね。電力会社は純粋な私企業ではないんですよね。もともと電力事業そのものが公共的な性格を持っているわけです。ところが、挙げ句の果てに、今のような話が出てきたりすると、ますます理解に苦しむ。

小出　自分の持っていたものをばらまいておいて、無主物でおれは知らないと、そんなことを言う人間がいること自体が、わたしには信じられません。

中嶌　まだまだ理不尽なことが、たくさん派生してくるでしょうね。

原子力と差別

――決定的に、原子力という技術のここがだめなんだと言うとしたら、どういうことなんでしょう。

小出　他人に謂《いわ》れのない犠牲を押し付けることです。

――それは立地地域の人たちに。

小出　原発立地県の地域の人たちでもあるし、被曝労働者のことでもあるし、ウランを採掘する国や地域のいわゆるネイティブの人たち、そういう人たちに犠牲を強《し》いることでもある。あらゆるところで原子力はそうなのです。前に哲演さんが差別という言葉を使われましたが、まさにそれです。

中嶌　「差別と犠牲の重層構造」ということ。
小出　それに基づかなければ成り立たない技術が原子力です。
中嶌　今度の福島原発震災が、それを顕在化したわけですね。表に現れて、誰の目にも認識されるようになった。今までは潜在的だったわけです。でも潜在的な差別と犠牲というのは、見えなかったから存在していなかったわけではありません。厳然と、歴然と存在していた。にもかかわらず、なかなか大勢の人にその認識が共有されなかったという点で、今度の福島の大事故は、それなりに大勢の人も原発とはこういうものか、こんなにいろいろな問題を孕《はら》んでいたのかということがわかった。やっと、少しは認識が共有されるようになってきたかな、ということはあります。だって、地元の住民にとっては、〝やらせ〟の問題なんて、もう何十年も前からあたりまえのようにあるわけだから。マイナーとはいえ原発に反対してきた全国各地の人たちにとっては、あたりまえの認識だったものが、ようやく誰の目にもわかるかたちで顕在化しはじめた。
――原発を動かして、結果として生み出されてくるものは放射性廃棄物。でも使用済み核燃料を処分する方法はない。つまり完結しない技術なのに動かしてる、という言い方もします。

小出　だって、昔から原発は「トイレのないマンション」だと言うんです。トイレのないマンションで人が住める道理がない。でも原子力はそれをやってきているわけです、平然として。

中嶌　いよいよそんなマンションには住めなくなってきたという実感を、今回はみんな持ち始めてるでしょう。なのに、国はそれをまだごまかしてる。忘れさせようと動いている。

さっき小出さんが言われていた、ウィーンの人たちのデモの例がありました。やっぱり悲観ばかりはしてはいられないので、少しは希望を持ちたいんですが、そういうウィーンのような、あるいはドイツのような動きの、その日本版みたいなものが、どういうふうになればいいのか。どういう方法が見つかるのか。わたしは、日本なりのやり方、固有の方法があるといいなと思います。もちろん欧米方式が悪いのではなくて、プラスの面もあると思います。でも、日本はなんでもかんでもアメリカの真似をしているくせに、原発に関しては、アメリカがやっているいい部分を全然真似していない。

小出　ウィーンを歩いていると、街がすごく古いんです。ホーフブルク宮殿の近くに歴史博物館があります。美術館でもあり、いろいろな絵が飾ってあるんです。その中に四〇〇年前のウィーンの街を描いた絵が架かっています。それが今のウィーンの街そのままなんです。当時の建物がちゃんと残っていて、三階ぐらいの低層のアパートみたいな建物がある。実際にそういう建物に入っていくと、階段は石でできていて、その石がすり減っています。人が歩いてそれをすり減らしている。ウィーンはそういう街なんです。何百年という歴史のあいだ、そういう家で住み続けてきた。お互いつかず離れずで、それなりの人間関係を保ちながら住んできた。そのためには一人ひとりが自立して、しかも協調しないと生きられない、そういう街だったんだろうと思うんです。

でも日本は、たぶんそうではなかった。戦前・戦中までは、村落共同体みたいなものがあって、そこから離れたら村八分にして徹底的にやっつけられる。戦争に負けて違う社会になったと思ったら、今度は核家族化が極端に進んで、隣の人が何をしているか誰も知らない。たぶん、東京のマンションに住んでいる人だったら、ドアを出たとたんに、もうそこは自分以外の世界でしょう。個人が自立をしない時代、社会が自立を阻む時代が日本にはあったわけですが、むしろ今は自立をしないでもなんとなく生きていけてしまう時代。他者のことなんて、全然考えないで生きていける。日本にはそういう歴史があるのかなと思います。だから、今のままでちゃんと生き延びることができるのかなと、わたしは不安です。歴史は長い時間がかかるものですから、すぐには変わらないかも知れない。

中嶌　わたしたち日本人の歴史意識というのは、戦後とか戦前の歴史を含めて、けっこうまだ新しいのかなという気もするんです。今のわたしたちが抱えているのは、近代以降に培われたメンタリティであって、それ以前の日本人の価値観とか生活は、もっと違っていたのかも知れません。もちろんそれだって、けっしていい面ばかりではなくて、負の部分もいっぱい抱えながら生きていた。それはいつの時代でもそうだと思うんですけどね。

「世界がぜんたい幸福にならないうちは個人の幸福はあり得ない」

中嶌 このあいだ永平寺で「いのちを慈しむ～原発を選ばないという生き方」と題されたシンポジウムがありました（二〇一一年一一月二日）。わたしも話をさせてもらったのですが、ちょっと不用意な言葉の使い方をしたものですから、新聞に変なことを書かれてしまいました。前にもお話ししましたが、わたしは「滅私奉公」と「滅公奉私」を同じ精神構造からくる対称的な言葉として使っているんです。ところが新聞に「いまの日本は滅公奉私一色」なんていう見出しを付けられてしまった。これでは、なにかわたしが戦後の「滅公奉私」を批判していて、事実批判してますけれど、反対の「滅私奉公」がいいと言っているように受け止められかねない。そういう誤解を残しかねない見出しだったものですから、ちょっと弱っちゃいまして。両方ともわたしは極端だと思うんです。ファシズムというのはよく全体主義だというふうに一くくりにされるけれど、わたしはファシズムというのはエゴイズムと全体主義とが表裏の関係になっている、同じ一つの問題だと思っているんです。原発現地を見ているとそれがよくわかる。

原発ファシズムが支配している原発現地では、スケープゴートをつくり出し、「反対すると、ああなりますよ」という見せしめにして、みんなの口をふさいでいくわけです。そうやってみんな口をふさがれ、耳をふさがれる。むしろ自らふさいでしまう。それはやはり、自分の安穏を願うからでしょう。自分だけはああなりたくないし、なんとか自分を守っていかなくてはとばかり考えて、ギュッとエゴイズムに固まってしまう。他者との連帯を考えるゆとりをなくさせる。それはファシズムにとってはすごく好都合で、自分のことだけ、身を守ることだけを考える人をつくり出せば、一網打尽に好きな方向に社会を持っていけるわけです。そういう意味でも、わたしは戦時の「滅私奉公」が逆転して、戦後の「滅公奉私」になっただけだと思うんです。あの場で、本当はもっときちんと説明しなければいけなかったんですけどね。

——記者も勘違いしてしまった。

中嶌　仏教では自分と他との関係で、「自利」と「利他」ということを言うんです。「自利」自分自身の利益と、他者を利する「利他」、他者の幸福を尊重してそのために他者の利になるような働きをするということですね。そして「二利円満」というんですが、自利と利他という、その二つの「利」を円満に調和させるということです。それがややもすると、どうしても利他だけが強調されていく。これが戦時中、仏教者がまんまと国の滅私奉公のイデオロギーに乗せられていった根本なんですね。もともと仏教は無我を説いているんだから、滅私奉公もその精神を説いているんだと主張した。お釈迦さんやら各宗派の宗祖は、そんな無茶なことは言ってません。何よりも、自分自身のいのちや幸福、平和を願ってやまないのが、いのちあるものなのだ。どのいのちも大切なんだと説いているんです。だから、自分のいのちを守りたいように、他者のそれぞれのいのちも大切だと。いのちあるものは、みな大切な自分を抱えているんですから。そういうところからお釈迦さんの倫理というのは出ているんです。最初から自己犠牲を払って他人のため世のために尽くせなんて、そんなことはおっしゃってないんです。大乗仏教なんかでは、ややもするとそういう滅私奉公的な利他を非常に強調する言い方もあるんですけれど、お釈迦さまのもともとの考え方はけっしてそうではなかった。

――他者のいのちの大切さを知ることで、本当の自立した存在になると。

中嶌　自利と利他とを、どう協調させていくかということこそが考えられていることであって、そういう考え方に照らせば、滅私奉公もそれが逆転した滅公奉私も、どちらもゆがみや無理を人間に課すことになるんですね。極端を強いるというのは、なによりも戦争がそうだったわけじゃないですか。滅私奉公の美辞麗句のもとに、地獄の苦しみを国民に与えた。そして他国の人たちにも大きな犠牲を払わせた。

小出　いま哲演さんがおっしゃったことに、わたしはすごく共感します。人だって生き物なわけだから、生きようとする。なんとか生き延びたいと思う。それを否定なんてできないわけで、まずは自分が生きるということが基本にならなければいけない。

中嶌　小出さんがいつか引いておられた、宮沢賢治のことばというのは、仏教の自利、利他のことを言ってると思います。「世界がぜんたい幸福にならないうちは個人の幸福はあり得ない」（『農民芸術概論綱要』）。賢治は、ちゃんと個人の幸福についていても言ってるんだけど、ややもすると、彼は世界全体の幸福のために生きた、もっぱら利他一筋に生きたんだと評価されがちです。でもそうではないと、彼自身が言っています。

小出　生き物として、自分自身が生きるのはあたりまえのことですが、その時に他の人を踏みつけてはいけないということなんですね。

中嶌　「少欲知足」は、結局その考え方が大前提にあって出てきた言葉です。自己の欲望を一切追求しちゃいけないと、そんな無茶なことを言ってるわけではありません。他者を踏みつけにしないために、他者をどう尊重しながら共存共生していけるか、その精神なんですね。やはりエゴ中心に欲望をつのらせていけば、絶対どこかに犠牲者を出していくことになる。

小出　そうですね。ですからわたしは、それは自己責任を果たそうという言葉で言うのです。自分がやることで他の人に犠牲を負わせない。自分のやったことは自分で背負うということでやらなければいけないと。わたしは、それだけをやりたいと思っています。

宗教者と原発への責任

中嶌　これは、これまでもよく対談のときに言ってきたことで、すごく拡大解釈していると思うんですが、仏教の自利・利他の「他」には、人間だとか人類社会だけじゃなく、自然環境の中の生きとし生けるもの全てが含まれている。また同時に、時間的には、過去と未来の他者をも全て包含しているんだ、とわたしは思っていまして。お釈迦さんの言葉の中に、「既に生まれたものでも、これから生まれようと欲するものでも、幸福であれ平安であれ」というのがあります。それがお釈迦さんの悲願だったんです。つまり時間軸で言えば、利他の他＝他者は、現在、ただいま生きている者同士の連帯だけじゃなく、未来に生きていかなければいけない者たちへの配慮も含まれている。同時に過去に対しても、過去に生きた人たちで、精いっぱい努力して我々の世代に恩恵を残してくれた人たちのことを忘れてはいけないし、また逆にすごく不幸な目にあって、いろんな恨みや悲しみや、怒りや無念を飲み込まされて亡くなっていった他者たちの歴史や経験も忘れてはいけない。

だから仏教では、他者を悼《いた》み、その恩恵に感謝するひとつの営みとして、法事のようなかたちができてきたんだろうと思うんです。お釈迦さんの時代は、もちろんそうしたものはなかったわけですから、あまり過去の世代に対してのことは言及されていませんが、今生きている者と、未来を受け継ぐ子どもたち、これから生まれようと欲する者たちに対して、彼らも「幸福であれ、平安であれ」と。だから、自然環境を汚染したり、破壊したりしてはいけない。未来に生きなければならない者たちに、負の遺産ばかり残していくことは、絶対にいけないとわたしは思っているんです。

——それこそ、原発にあてはめますと、福島第一原子力発電所から出てしまった放射性物質も、これから出されるさまざまな廃棄物も、これから未来を汚染していく。未来にツケを残していくということになっていきます。

小出　それは当然あります。でも、仏教を信じている人にとって、それが今まではどれほどの意味をもっていたんでしょうか。今の原子力は、ゴミを残すしかないんです。そんなことは、わたしは許せない。

中嶌　普賢菩薩や文殊菩薩の真の精神は、さっき言ったようなことだったんです。ところが仏教者も、原発推進をただ座視、傍観してきた。いわば間接的に加担してきたのです。かつての戦争のときも、戦時布教といって積極的に戦争協力、加担をしていた。同じような過ちを犯してきたんですね。過去のそうした動きに対して、いったいどこまで真摯な反省ができていたのか。それがきっちりとできていたら、国策として推進された原発に対しての姿勢も、きっと正さざるをえなかったんじゃないかと思います。

――原子力開発にずっと警鐘を鳴らしてきた宗教者の方々もおられますね。

中嶌　私たちがつくっている「原子力行政を問い直す宗教者の会」という会がありまして、その中ではいろいろと議論してきたんですよ。過去の仏教界の先輩たちゃ教団が、戦争推進に対して何の抵抗も批判もできないまま、むしろ積極的に加担していった歴史を教訓にしないとだめじゃないかと。そうしないと、今度は原発問題に対しても同じ過ちを犯しかねないんじゃないかとね。九三年に発足したんですが、最初の数年間はずいぶんその議論を重ねまして、やはり国策として推進している原発に対して、きちっと異議を表明しなければならないという結論になった。とくに「もんじゅ」は、日本の核武装と直結する問題でもあったわけですから、平和、戦争の問題とも結びつく。これにたいしてきちっとした態度表明をしないとだめだと議論をしてきたんです。

——どういった議論になったのですか。

中嶌　「必要神話」とか「科学技術信仰」とか、そういうことも語り合った。宗教者の自己批判も含めて、宗教が堕落してしまっているから、科学技術信仰というまさに逆の信仰が出てきてしまったんだというようなことをね。そして、そこから「原発必要神話」ということも出てきて、じゃあ必要神話の歴史的なルーツはどこか。いろいろ言えば限りないんですが、さしあたりのルーツとしては、やはり日本の近代史の夜明けが一つの起源になったんじゃないかという話し合いをしたわけです。とくに黒船来航以降、明治の三大スローガンだった脱亜入欧、文明開化、富国強兵路線を驀進《ばくしん》して、その負の部分が侵略戦争や沖縄、広島、長崎という問題になってしまったという話になり、結局原発というのはその延長線上にあるのではないかと。もう一度、日本の近代の始まりから敗戦までの歴史をたどり直しているんじゃないか、と我々は話し合っていたんです。明治政府のスローガンは「脱亜入欧」でしたけれども、戦後はそれが「脱亜入米」に変わった。そして、「文明開化」の延長線上に科学技術立国の戦後があったんじゃないかと思います。「富国強兵」は経済大国化ですね。ちゃっかり自衛隊の復活・強化も成し遂げてるわけです。

そして、近代以前の日本社会や日本人のライフスタイル、価値観はどうだったのかというのが今している議論で、近代を一面的に美化して、近代以前の江戸時代の封建社会はだめだったんだと、十把一からげに切り捨ててしまった面はなかったか。負の部分をきっちり押さえながらも、再発見、再評価すべき点がなきにしもあらずじゃないかということを、このごろは話し合っています。

科学技術信仰の克服へ

小出　わたしはインドのウラン鉱山に何度か調査に行きましたけれど、本当に、二五〇〇年前にお釈迦さんはこんな悠久な大地で生きていたのかと思いました。今も、日本みたいなこせこせしたところと違って、茫漠とした大地で生きている人もいて、ああこういう世界があったんだなと。でもお釈迦さんの時代だって、きっと人々は、もちろん苦労もあって、たぶん人殺しのような犯罪だってあって、仏職同士で殺したり殺されたりしながら生きていた。まあお釈迦さんだって、シャカ国の王子で、周辺の国から命を狙われていた……。

中嶌　もし出家していなかったら殺されていたかもしれません。

小出　そういう世界で生きていながら、それで悟りを開くなんて、本当にあったことかどうか……と言ったら失礼ですが。でも、ようするに歴史というのは、そういう相反する要素をいくつも抱えたまま流れていくものでしょう。日本だって平安時代の人々はどうだったのか、江戸時代はどうだったのかと思えば、やっぱり差別もあった。穢多・非人と呼ばれた人々、河原者と蔑視された人々ができていたわけですから。だから、すべての時代が、ただ「いい時代」だったとは思いません。

では、いわゆる近代、科学技術が爆発的に発展する時代を迎えて、本当に人間は幸せになったのかというと、ちがうのではないかとわたしは思います。近代的な兵器を発明して、こんなに大量に人を殺すなんてことは、昔はなかった。昔は、誰かが誰かを刺し殺すとか、殴り殺すということはあった。でも、それは、ある意味ではすごく人間的な営みという言い方もできるわけです。一人ひとりの問題として、「ああ、自分が誰かを殺してしまった」という痛みを感じるじゃないですか。今は違います。米軍は、自分の国のどこかで無人偵察機の撮った映像をテレビモニターで見ながら、あそこに爆弾落とそうと言ってパッと落としてしまう。その人は痛みもなにも感じない。それは広島に原爆を投下したエノラ・ゲイだって長崎に投下したボックスカーだって、下に人が住んでいることは知っている。でも戦争だから原爆を落としてしまう。で、何十万人もいっぺんに死ぬ。一人を殺したら犯罪だが、百万人を殺したら英雄だという言葉通りに。そして、それは全て科学技術がつくってきた。だから、人間は本当によっぽど賢くなければひどい目にあうだろうと思います。今は科学技術と向き合わざるをえないぐらいの状況になっているけれども。宗教という世界の人たちは、どうやってそれを乗り越えていくのか。わたしにはよくわからないのですが、少なくとも科学技術でなんとかしてくれるというのは信仰です。

中嶌　宗教だけに限定して期待をかけても、それもまただめでしょうね。不可能なことだと思います。とくに近代以降の我々の生き方の根本、科学技術や産業至上主義、経済至上主義が、欲望をますますつのらせてきた。少欲じゃなくて「多欲」ですね。多欲を伸ばしてきた。それじゃあ近代以前の社会よりも内面的にみんな豊かになって、真の満足を得たかというと、けっこうストレスをたくさんかかえて、不満だらけでね。多欲不満というか……。そして科学技術や、経済至上主義がそれに拍車をかけて、強欲傲慢の時代社会を今もまだ展開してしまっている。その帰結が現在の状況になっている気がします。そうであるだけに、もう一度「少欲知足」の本来の精神ってどういうものだったのかなということを、わたしなりに確認しなければならないと思っています。

さっきインドへ行かれた話をされていましたけれども、インドへ行くと二五〇〇年前のお経に書いてある風景が、今も生きてるんですよ。

小出　わたしはスバルナレカ河に行きました。ブッダガヤからちょっと下ったところです。ああ本当に二五〇〇年前もたぶんこういう川だったんだ、と思うようなところでした。

中嶌　大河の対岸部なんかは茫々と煙っていますからね。ガンジスの河口なんかそうでしょう。『般若心経』に出てくる、こっち側が煩悩の世界で向こう側は別の世界、此岸《しがん》と彼岸《ひがん》、こちら岸に対してあちら岸。ああいう大河を見ると、そうした話がよくわかります。こちらの岸でみんな苦しんだり悩んだりしている生活の中で、ああこの河を向こう岸に渡れば、なにかいい世界があるのかなという憧憬を抱く。それは単なる哲学の理念や観念ではなくて、現実の風景や生活そのものの中にちゃんと具体的なイメージとして存在する。ああ、ここから「般若波羅《はんにゃはら》蜜多《みた》」という言葉がでてきているのかなと思います。これは「彼岸に渡る智慧」という意味なんですね。「輪廻」もそうで、大きな農村部へ行くと身の丈ほどもある牛車があって、牛に引っ張らせているんです。田舎だと、とっぷり日が暮れると本当に真っ暗になってしまい、暗闇の中を牛車がぐるぐる大きな車輪を回しながらゴトゴト通り過ぎていきます。ああ仏教が言ってる輪廻、車の輪のようにいろんな人間の生が回るという真意も、ここからきてるなと実感できますね。

それぞれの反原発……………………

――小出さんの、科学者でありながらの科学に対する懐疑というのは、体験から出てきたものなのですか。

小出　わたしが体験した科学は原子力で、ろくなことしないじゃないですか（笑）。

――だけど、反対しているやつは特殊な人間だとよく言われましたよね（笑）。

小出　そうです。近寄るなとかね。

――それでもやってきたというのは、もちろん熊取六人組という仲間の人たちがいたということも大きいのでしょうか。

小出　はい、そうですね。でも、わたしたちにとっては何の障壁もありませんでした。圧力を受けたとか、迫害されたということは一つもありませんでした。

――なにか公安がついてまわったとか、具体的に生活を脅かされたとかということを聞きましたけれど。

小出　そうやって言う人もいるけれど、わたしはそんなこと気にもしてなかったし、いたのかいないのか、今いるのかいないのかも知りません。殴られるわけでもないから、なんの痛みも感じなかった。今はネット社会ですから、いろいろなメールが山ほど来る。お前を殺してやるとか、そんなのは山ほど来ますけど、そんなことをいちいち気にしてたら生きていかれません。

中嶌　小出さんにかかったら、そんなメールを出してもやりがいがないでしょうね。わたしもそうですけど。でも、怖がる人にとってはすごく威力があるんですよね。圧倒的多数の人はやっぱりそうじゃないものですから、それが原発推進勢力にとってはやりやすかったんですよ。スケープゴートを一例か二例つくって、それを見せて、あんなふうにお前らもなるよという脅しが効く人のほうが多いんです。びくともしない人たちが多ければ問題ないんですけれども。

――哲演さんの場合、宗門のなかで反原発運動をするということに、差し障りのようなことはなかったのですか。

中嶌　わたしもあんまり感じてないと言いますか、鈍感に過ごしてきて。真言宗では御室《おむろ》派は小さな宗派なんです、本山の仁和寺からすれば。でも、わたしは本山そのものにもあまり行っていないし、つながりがそんなにないものですから。もっぱらアウトサイダーで、向こうもそう思ってたでしょうし。

――それでも、いろいろ言う檀家さんとか……。

中嶌　まあ、なくはないですけど、それがどうということでもないんです。ただ、わたしの立場や気持がそうだからといって、他のお坊さんたちまでそうかというと話は別です。小出さんの大学の教授や准教授の人たちがそうであるように、坊さんの世界でも寺院あるいは教団の中でそれなりの影響力を持とうとする人とか、あるいは檀家さんがたくさんいて、その中に有力な役員なんかがいると、どうしても遠慮が出るんでしょう。檀家の有力者というと、だいたい自民党系の保守的な人が多くて、ぽんと寄附を出したりするわけでしょう。そうすると、そういう人たちの顔色もうかがわなければならない。原発の問題だけじゃなくて、靖国問題でも、それに批判的な言動をすると、そんなもんは首を切ればいいんだと言われちゃう。福井県にある自民党の衆議院議員がいたけれど、交渉の席でそう言ってましたよ。福井県にはそんなことを言う坊さんはいないって。もしそんな住職が出てきたら首切りだってね（笑）。公然とそんなことを言うわけです、大臣まで務めた人なのにね。そうすると、どうしても制約を受ける住職さんたちも多いわけです。そういうかたちで、原発も進められてきてしまったんですよね。悲しいけれど。

——今の若い人たちの考え方には少し変化があるようです。たとえば、会社で出世をするために人生の時間を費やすよりも、自分がしたいこと、自分がいいと思えることをする。そのほうが幸せだと考える人がけっこういるらしいです。

小出　希望は必ずあります。だって、哲演さんにしてもわたしにしてもそうじゃありませんか。今日は今日、この一瞬はこの一瞬しか生きられない。その積み重ねで何十年か生きて、そして死んでしまう。後悔したって取り返しがつかない。わたしのいのち、その人のいのち、それぞれなわけであって、自分が生きるということを大切にしなければいけない。会社に縛られているうちに死んじゃったら、自分がいったいどこへ行っちゃたのかということですから。金なんかどうだっていい。生きられなきゃ困るけれども、金持ちになりたいからって、やりたくもないことをやって生きたら、それで終わりになってしまいます。ほんとうに、自分のいのちを大事にしてほしいと思いますね。

わたしが言うのは、生きるという生命体としての〝いのち〟ではありません。その生き方です。人間はどうせ死ぬんですから、死ぬか生きるかなんて、そんなのはどうでもいい。でも生きてるかぎりは、生き方を大切にしなければいけない。

――女川で同志の篠原さんと約束した、出世はしないというのも……。

小出　しないと約束したわけじゃないけど、そんなことのために節はけっして曲げないと。確かに出世もしませんでした（笑）

――最後に、四〇年以上の反原発キャリアをもつお二人が、今からどういう活動をしていくのかということを聞かせていただきたいのですが。

小出　前座でわたしが先に答えさせていただきます。最後は哲演さんに締めてもらって（笑）

これまでも原子力に抵抗して止めたいと思ってきたことが、わたしの反原発の根拠ですし、それをやるだけです。あとは何もできないだろうし、わたしはできることをやりますので、他の方は他の方で考えてください。それだけです。

――今は、小出さんや哲演さんたちに共鳴する人が増えてきています。

小出　たとえば、わたしに政治の場でもっと発言しろとか、運動の指導者になれとかいう人も多いんですが、すべてお断りしています。わたしは政治が嫌いだし、運動の指導者にもなるつもりはさらさらないし、カリスマにもなりませんと。わたしは、自分にできることをやるだけで、それ以外のことはみなさん、やりたい方がそれぞれやってくださいと言ってお断りしています。これからもそうします。

——小出さんができることをされる、と。

小出　わたしは、京都大学原子炉実験所というところにいるわけで、この環境だからできることがあるのです。たとえば、福島第一原子力発電所の事故が起きてから、多くの一般の方までが線量計を持つような事態になってしまいました。しかし、それで精密な測定結果を得ることは難しいでしょう。でも、ここにはもっと優れた線量計もあるわけです。それらを使ってできることを、わたしはやるということです。あなたができることはあなたが、哲演さんができることは哲演さんがやってください。他のみなさんは、みなさんができることをそれぞれやっていってほしいと思います。

——これからは、小出さんたちのような立場で、原子力を批判的に研究する人たちの存在が、より重要になるのではありませんか。

小出　福島第一原子力発電所の事故が起きる前から、原子力を志す若い人はどんどんどん減っていたのです。原子力に夢を抱く時代は、もうとっくに終わっていたのですね。私はこれまで、後進の若い人たちを育てるようなことをしてこなかった。今になって、そうしておくべきだったかも知れないと思ったりしますが、私もあと三年で定年です。もう遅い。これからの原子力は、明るい未来どころか、福島第一原子力発電所の問題ひとつをとっても、とてつもなく暗い世界にならざるをえません。そんなところに若い人が入って来てくれるかどうか。汚染された未来をなんとかしたいと言って、それでも来てくれる人たちがいるなら、わたしはほんとうにうれしいし、そうであってほしいと願っています。

中嶌　私も福島の事故以来、いろいろなところへ呼ばれるのですが、最近は三つの年号についての話をします。一つは一八五三年、ペリーの黒船来航の年です。もう一つは一九四五年、敗戦、再出発の年。そして三つめが、この二〇一一年です。最近は、TPPで〝第三の開国〟なんてことを言われだしてますが、私はそれは薄っぺらな論議だと思っています。日本という国の歴史的転換点ということならば、第一が幕末の黒船、第二がアメリカ中心の世界に向けて国を開かざるをえなくなったこと。そして、いま、第三の二〇一一年は原発問題以外にないわけですよ。二〇一一年の前兆としてあらわれたのが一九九五年。阪神大震災の年であり、二月に地下鉄サリン事件、そしてオウム真理教教祖の逮捕があった。そして一二月に「もんじゅ」の大事故が起こっています。しかも一二月八日、パールハーバーの日でもあった。一方では、ジョン・レノンが暗殺された日でもありますし、お釈迦さんが悟りを開かれた日、「成道会《じょうどうえ》」でもある。

——不思議な符合ですね。

中嶌　だからわたしは、「もんじゅ」の事故とお釈迦さまの成道会とをくっつけて、コインの両面として論じてきたんです。一方は、あくまでも原発をどんどん推し進めていけば、破壊あるのみだと。一方は、お釈迦さまが悟りを開かれたように、まさに少欲知足、自利利他円満の生き方。生きとし生けるもの、地球環境全体をも視野におさめながら、どういう生き方を選び、人間社会の営みをしていけばいいのかということが根本的に問われている。根本的な反省を迫ったのが一二月八日じゃないのですかと。ところが二〇一一年、ついに原子力の破局を迎えてしまったわけです。だからわたしは、「小浜市民の会」の目的はと問われて言ったことを、わたし個人にたいしても言いたい。本当は「反対、反対」と人に伝えたり、自ら動いたりしていることから、解放されるときが来てほしい。それが理想的な状態なのであって、わたし自身も、「いい詩を書くね」とか、「いい絵を描いている」とか、そういうことで認めてもらえたりするのが、ほんとうはいいんですよ。でも、歌を忘れたカナリアのように、現時点では自分の体力の許す限り、スケジュールのつく限り、話に来いということであれば、どこへでも出向きます。

これが原発事故なのだ――あとがきにかえて

小出 裕章

福島第一原子力発電所で事故が起きて、もう一年が経つということに、まったく実感がわきません。あっという間であったようにも思えます。走りつづけているうちに、ここに来てしまったような感じです。

いつか原発で事故が起きると、私はずっと警告をしてきたつもりでした。しかし、本当に事故が起きてしまってからは、あらためてその過酷さを思います。何よりも、何が起きているのかがわからない。事故を起こしたのが火力発電所ならば、現場に行き、目で見て、手で触ってみることもできます。ところが、原子力発電所で事故が起こってしまうと、現場に行くことさえできません。目で見るという基本的なことさえできず、触ることなどとんでもないということになってしまうのです。どんなに人間の五感を駆使しても、そこから情報を得ることができません。原子力を進めてきた東京電力や国の人間は、だれもがこのような事故が起こるとは考えもしなかった、想定外だったと言いました。でも、もともと放射能は五感で感じられないのですから、最初から測定器を設置しておけば、まだ現在起きている状態を知ることはできたはずです。ところが、それさえも想定外だから考えもしなかったと言うのです。彼らが想定していた範囲の、通常運転時のための測定器はありましたが、それらは次々に壊れていってしまいました。

問題なのは、溶け落ちてしまった炉心がどこにあるかということです。しかし、それすらもいまだにわかりません。東京電力や国は、なるべくであれば圧力容器の中に留まっていてほしいと願ったと思います。でもその願いはむなしく、圧力容器の底が抜けてしまい、燃料はほとんど格納容器の中に落ちてしまっています。そして今度は、なるべく格納容器の中に留まっていてほしいと願っているわけです。ですが、それすらがわからない。メルトダウンした炉心がどこにあるのか、知ることができない状態にあります。

溶け落ちた燃料が、格納容器を突き破っている可能性もあると思います。二〇一一年一二月に、東京電力は、メルトダウンした炉心が格納容器の中に落ちていると認めました。格納容器の底には一メートルの厚さのコンクリートの床張りがあるのですが、炉心がそれを溶かしながら進んでいっており、現在侵食されたのは約七〇センチまで。あと三〇センチほどコンクリートが残っていると公表したのです。マスコミも、それがあたかも真実であるかのように報道しました。しかし、私は、そんなふざけたことを言わないでくれと思いました。いったい誰がそれを見てきたというのでしょうか。その根拠は何かというと、計算に基づいているのだと言います。しかし、当然ながら計算というのは、対象がどんな状態にあるかわからなければ不可能です。格納容器の中の状態も、溶け落ちた炉心の状態もわからないのに、どのような計算をしたところで、計算結果はまるであてにならないでしょう。まったく意味のない計算をして、それがあたかも意味があるかのように独り歩きをしてしまっているのです。

もしも、燃料がコンクリートを突き破って、外部に出てしまうとどうなるか。それは、これまで人類が経験したことのない事態です。どうなるか、私にも正確にはわかりません。人工的な構造物が破られてしまえば、燃料は自然環境の中に出ていくわけで、自然は人工のものよりはるかに複雑なものです。特に、地下に出ていくということになれば、そこには地下水が流れていると考えられます。地下水と燃料が接触すれば、汚染された水が最後には海に流れ出てしまうことになるでしょう。ですから、溶けた炉心が地下水に接触する前に、なんらかの防壁を周辺に張り巡らせるという作業を緊急にする必要があります。私は、このことを二〇一一年五月から言い続けているのですが、いまだ一向にやろうとしていません。

東京電力も防壁を作るつもりはあり、構内のあちこちをボーリング調査して、地下水脈がどこにあるかを測定し、どう防壁を作ればいいか調べていると聞いています。たしかに工程表にも防壁のことは書かれています。ただし、できるのは二年後だというのです。私は、そんなことでは遅いと思います。これこそ、今すぐにとりかからなければならないことなのです。作業が危険で、なかなかできないということもあるでしょう。猛烈な汚染地域を工事をするのですから、作業に従事する方の被曝もたいへん心配です。もちろん莫大な費用もかかります。東京電力としては、なるべくならやりたくないと思っているのでしょう。

緊急を要することは他にもたくさんあります。まずは、原子炉を冷やし続けなければなりません。現在、水を循環させながら、大量に圧力容器に注ぎ込んでいますが、圧力容器は電車の車両を縦にしたくらいの大きさに過ぎません。一時間に何トンもの水を入れてしまえば、すぐに一杯になってしまうはずです。それなのに、いつまでたっても圧力容器は水で満たされません。底が抜けているから、水が格納容器に流れ出ているのです。格納容器にしても、ある一定の体積しかありません。それなのに何カ月も注水しているにもかかわらず、水で満たされることはありません。もうすでに、格納容器のあちこちに亀裂が入っているからでしょう。

東京電力が二号機に工業用のテレビカメラを入れて、格納容器の内部を撮影しました。彼らは、カメラを入れた高さまで水が入っていると期待したのですが、水面は見えませんでした。実は水面はもっと下にあり、結局どこまで水が入っているのかわかりませんでした。水が格納容器の中に貯まらないで、外に流れ出ているということです。原子炉建屋の地下、あるいはタービン建屋、トレンチ、ピットといったところに流れ出てしまっているのです。東京電力は、そうした水を浄化しながら冷却水に使っていると言いますが、原子炉建屋、タービン建屋にしても、トレンチ、ピットにしても、すべてコンクリートでできている構造物です。コンクリートのあちこちには、当然、亀裂があります。そういった亀裂や穴からも汚染水が外部に漏れ出ていきます。まして、福島第一原子力発電所は地震に襲われてこうした事態に陥っているわけですから、コンクリートなどはひび割れだらけのはずです。そういったところからも汚染水はどんどん外に出ていっているのです。

去年の三月の段階で、汚染水をこのまま放置していると環境に流れ出ていってしまうので、どこかに移さなければならないと私は訴えました。具体的な提案としては、タンカーを運んできて、その中に汚染水を移すことを提案しました。たまたま何人かの政治家と話す機会があったので、彼らにも強くこの提案をしたのですが、「やる、やる」と言いながら、結局何もしませんでした。いまだに汚染水は海に流れていっています。これも、本当は早急にやらなければいけないことなのです。

さらに今、どうしてもしなければならないことがあります。四号機の使用済み燃料プールの底には、千五百数十体の燃料が沈められた状態にあり、そのうちの一三三一体は使用済み燃料です。つまり猛烈な放射能の塊です。プールにはたしかに水があることはわかっています。ですから、なんとかまだ溶けずにそこに残っているのです。しかし四号機は、使用済み燃料プールの水面部分にある、建屋の最上階のオペレーション・フロアが爆発で吹き飛んでしまっているばかりか、その下のプールそのものが埋め込まれている階すらが爆発で壊れてしまっているのです。このままでは、いつ使用済み燃料プールがひっくり返ってしまうかわかりません。そうなってしまえば、もう冷やすことはできませんから、使用済み燃料が溶け、大量の放射性物質が環境に放出されることになります。これはとんでもないことです。

一三三一体の使用済み燃料の中には、広島型原爆約四〇〇〇発分のセシウム１３７があります。これまで福島第一原子力発電所の事故で放出されたセシウム１３７の量は、大気中に広島原爆一六八発分だと政府がＩＡＥＡに報告していますが、その三十倍以上です。さらに、使用済み燃料プールは格納容器の外側に設置されており、放射能を防護する隔壁は何もありません。普通のオープンな場所に、ただ置かれているだけなのです。ですから、放射能が出てきてしまえば、もう遮るものは何もありません。

東京電力も、当然その危険を察知していて、四号機の使用済み燃料プールが転覆しないように耐震工事を行いました。しかし、現場は大変な被曝環境ですから、十分な時間と手間をかけて工事ができたのかどうか、たいへん不安です。現在でも、余震は連日起きており、この次に大きな余震が四号機を襲い、使用済み燃料プールが壊れるようなことがあれば、場合によってはこれまで放出された量の十倍もの放射性物質が出てきてしまいます。

東京電力は、なんとか四号機の使用済み燃料を別の場所に移さなければならないと思っているはずです。しかし、これは非常に難しい作業です。もともと使用済み燃料というのは、空気中に出すと周囲の人間がばたばたと死んでしまうほどの猛烈な放射線源なのです。原子炉の圧力容器から取り出すときも、圧力容器を水で満たして巨大なプールにし、そのまま水の中を通って使用済み燃料プールに移します。必ず深い水の中で作業をしなければならないのです。

また、これまでも使用済み燃料を再処理工場に送る作業などがありましたが、その場合も、使用済み燃料プールの底に巨大な鋼鉄と鉛でできた容器を沈め、その状態で使用済み燃料を入れます。それに蓋をして、初めて空気中に吊り上げることができるのです。その容器一つが一〇〇トンもの重さですから、取り扱うのは大変なことです。原子炉建屋内のオペレーション・フロアにはその作業を行うための、巨大なクレーンがあります。ところが、四号機ではそれも爆発で吹き飛んでしまいました。また、プール自身にも瓦礫が降り積もっており、燃料が損傷を受けている可能性があります。そうなると、普通の容器に入れることは困難なので、専用の容器を開発しなければなりません。ですから、作業を始めること自体がまず難しいのです。ほんとうは何年もかかる作業だと思います。しかし、一刻も早くそれをやらなければ大変に危険だということを、東京電力は痛いほどわかっているはずです。ただ、危険だとは口に出して言わないだけです。

その作業を終えなければ、石棺をつくることさえできません。石棺に封じ込めてしまっては、もう使用済み燃料を取り出せなくなりますから、石棺にするのはその後ということにならざるをえないのです。

二〇一一年一二月、政府は早々と事故の収束宣言をしました。しかし、現実はここに述べたような状況です。東京電力の作成した工程表は、すべてインチキだということです。最後の防壁であるコンクリートの壁が、まだかろうじて溶けた炉心を食い止めてくれているという願望だけがあり、それに基づいて工程表も作られているのです。私は、もうそんなやりかたではだめだと思います。最悪の状態はどうなのかを想定し、それに対処するための工程表でなければなりません。

福島第一原子力発電所は、廃炉にすることが決まっていますが、廃炉作業が終わるまでにも、たいへん長い年月がかかります。たとえば東海第一原子力発電所は、三十二年間稼動して一九九八年に停止しました。現在、廃炉作業が進められていますが、いまだに本体には手をつけることができず、これから二〇年かかるのか三〇年かかるのかわからない状態です。何のトラブルも起こさないで廃炉になった原子力発電所でさえも、廃炉作業にはそれほどの長い時間がかかるということです。では、原子炉が深刻な損傷を受け、汚染された瓦礫の山に囲まれた福島第一原子力発電所で、いったいどのように廃炉作業を進めるのでしょうか。溶け落ちてしまい、どこにあるかもわからない炉心を、いったいどのようにしたら処分できるのでしょうか。そして、燃料が格納容器から外に出てしまっていたら、どうやってそれを取り出せばいいのか。これらすべてが、人類が初めて遭遇する事態であり、誰にもわからないのです。

また、廃炉という作業で電力会社が目指しているのは、解体することにすぎません。解体して、放射線量の高さに応じて廃棄物の仕分けをするということです。ほんとうは、その先にもっともっと長い時間がかかることはおわかりだと思います。

高レベル放射性廃棄物は地層処分にする、もう少し低いレベルであれば浅い穴の中に埋めてしまう。あるいはもっと低いものに関しては一般廃棄物として捨ててしまっても良いという法律まであります。しかし、どのように処分したところで、放射能は消えてしまうわけではありません。何百年、何千年……想像できる範囲を超えた長い時間にわたって、私たちは、この事故の重荷を背負っていくほかはないのです。

あの日から一年。私たちは、これが原発の事故なのだということを、今あらためて現実のものとし、向き合い、そして考えなければならないと思います。

二〇一二年三月